Birhanu Ayalew Abebe

Situação da gestão ambiental das indústrias de curtumes na Etiópia

Birhanu Ayalew Abebe

Situação da gestão ambiental das indústrias de curtumes na Etiópia

ScienciaScripts

Imprint

Any brand names and product names mentioned in this book are subject to trademark, brand or patent protection and are trademarks or registered trademarks of their respective holders. The use of brand names, product names, common names, trade names, product descriptions etc. even without a particular marking in this work is in no way to be construed to mean that such names may be regarded as unrestricted in respect of trademark and brand protection legislation and could thus be used by anyone.

Cover image: www.ingimage.com

This book is a translation from the original published under ISBN 978-3-330-35238-4.

Publisher:
Sciencia Scripts
is a trademark of
Dodo Books Indian Ocean Ltd. and OmniScriptum S.R.L publishing group

120 High Road, East Finchley, London, N2 9ED, United Kingdom
Str. Armeneasca 28/1, office 1, Chisinau MD-2012, Republic of Moldova, Europe
Printed at: see last page
ISBN: 978-620-7-67821-1

Índice

Capítulo 1

1. Introdução

O governo etíope tem trabalhado intensamente na identificação de sectores prioritários que merecem uma atenção especial, a fim de criar a plataforma necessária para que a indústria desempenhe um papel fundamental na economia do país. Entre estes sectores prioritários, a indústria do couro e dos produtos de couro encontra-se no topo da lista. O Instituto de Desenvolvimento da Indústria do Couro tem uma preocupação ambiental e económica e esforça-se por garantir a sustentabilidade do sector. A direção de tecnologia ambiental do instituto tem apoiado as fábricas de curtumes existentes no país com o objetivo de criar indústrias de couro sustentáveis que apliquem uma produção mais limpa e cumpram o limite de descarga de efluentes estabelecido pelo Ministério do Ambiente, das Florestas e das Alterações Climáticas (MEFCC). A direção tentou avaliar o estado da gestão ambiental de 29 fábricas de curtumes durante o período de 13 de março de 2017 a 2 de maio de 2017 G.C. Das fábricas de curtumes existentes no país, 15 fábricas de curtumes têm tratamento primário e 10 fábricas de curtumes têm tratamento secundário.

Unidades de tratamento primário

Basicamente, o âmbito desta fase de tratamento primário é:

- Remoção de materiais grosseiros (carnações, plásticos, etc.) e abrasivos (grão e areia) que podem causar entupimentos e depósitos ou danos nas tubagens e bombas;
- Modificação dos fluxos de curtume (extremamente variáveis em quantidade e qualidade) num efluente uniforme que pode ser tratado de forma constante/uniforme;
- Neutralização do pH e eliminação de substâncias potencialmente tóxicas (por exemplo, crómio e sulfuretos) que podem impedir o bom funcionamento do processo biológico;
- Simplificação do processo biológico através da eliminação da maior parte dos SS inorgânicos e da redução, em certa medida, da carga orgânica (CBO).

Para atingir o objetivo acima referido: deve existir uma linha de segregação adequada do fluxo, crivo de barras a algum intervalo, crivo de escovas rotativas, tanque de equalização, oxidação de sulfuretos, tanque de coagulação e floculação, tanque de decantação primária (tanque de sedimentação primária), e a operação deve ser realizada adequadamente por operadores com formação.

Unidades de tratamento secundário

O tratamento primário (físico-químico), por si só, geralmente não produz um efluente final de curtume dentro dos padrões exigidos para a descarga em águas superficiais. Alguns poluentes (nomeadamente o amoníaco-nitrogénio) são ligeiramente ou não são afectados pelo processo primário.

Por estas razões, o efluente tratado primariamente deve ser submetido a uma fase sucessiva de tratamento biológico. O tratamento secundário refere-se à remoção das substâncias orgânicas através de processos biológicos.

Por conseguinte, a análise das lacunas das actuais unidades de gestão ambiental das fábricas de curtumes é analisada e descrita a seguir.

Capítulo 2

2.   Objectivos

2.1. Objetivo geral

Avaliar as actuais práticas de gestão ambiental das fábricas de curtumes na Etiópia

2.2. Objectivos específicos

-   Identificar os problemas de raiz das fábricas de curtumes associados ao seu sistema de gestão ambiental no cumprimento da norma MEFCC.
-   Identificar e dar prioridade às empresas de curtumes para serviços de consultoria, apoio técnico e actividades de reforço das capacidades.
-   Propor/identificar as actividades a realizar pelas partes interessadas
-   Recomendar medidas de redução da poluição ambiental
-   Dispor dos dados de gestão dos resíduos sólidos para a aplicação da reciclagem
*   Obter dados de base para estudos posteriores.

Capítulo 3

3. Metodologia

Para a recolha dos dados, foram utilizadas as seguintes metodologias:

- questionários
- observação
- discussão com o pessoal adequado
- referência ao manual de projeto e aos relatórios dos resultados dos ensaios

Capítulo 4

4.   Lista de fábricas de curtumes e estado atual da sua gestão ambiental

4.1. Fábrica de couro de Jiangxinxang

A fábrica de curtumes Jiangxinxang está situada na cidade de Modjo. Atualmente, a fábrica de curtumes ensaboa 2000 peças de pele e 700 peças de couro por dia. A fábrica de curtumes utiliza cerca de 456 m³ de água para os processos de curtume. Não existe um laboratório ambiental. Existe um perito que acompanha o funcionamento da estação de tratamento de efluentes da fábrica de curtumes.

A. Estação de tratamento de efluentes

Dois fluxos de águas residuais são separados na fonte, uma linha comum para águas residuais gerais e de sulfureto e uma linha separada para efluentes de crómio. A estação de tratamento de efluentes não foi construída corretamente e a capacidade da ETP é inferior à capacidade de imersão da fábrica de curtumes. A fábrica de curtumes tem problemas de terreno para construir os leitos de secagem de lamas e para melhorar toda a parte da estação de tratamento de efluentes. Embora a fábrica de curtumes tenha solicitado à administração fundiária de Oromia a obtenção de terrenos suficientes, a administração não deu resposta até à data.

Estação de tratamento preliminar e primário de efluentes

i. Ecrãs

Não existem crivos de barras e crivos finos que separem os resíduos sólidos dos efluentes. Por conseguinte, estes resíduos sólidos entram na estação de tratamento de efluentes e interferem com os processos de tratamento.

ii.   Tanque de oxidação de sulfuretos

A capacidade do tanque de oxidação de sulfureto é de 66 m³ , o que é ligeiramente inferior à quantidade de águas residuais de sulfureto geradas. Como indicam os resultados da investigação, a calagem de um tom de pele requer cerca de 4-6 metros cúbicos de água. A fábrica de curtumes absorve cerca de 11,4 toneladas de peles e couros em bruto por dia. Para calcinação de 11,4 toneladas de pele/pele por dia, são necessários cerca de 45,6-68,4 metros cúbicos de água. O tanque de oxidação de sulfuretos deve ser concebido e construído no caudal máximo.

iii. Tanque de equalização

A capacidade do tanque de equalização é de 66 m³ . As águas residuais são misturadas e homogeneizadas para posterior tratamento neste tanque. A oxidação de sulfuretos tem lugar neste tanque. A cal é adicionada para ajustar o PH. A fábrica de curtumes absorve cerca de 11,4 toneladas de peles e couros em bruto por dia. Uma tonelada de pele/pele consome cerca de 40 metros cúbicos de água para o processo de curtimento. Por conseguinte, para curtir 11,4 toneladas de pele/pele por dia, são necessários cerca de 456 metros cúbicos de água. A dimensão ou capacidade do tanque de equalização é muito inferior ao volume de águas residuais geradas pela fábrica de curtumes.

iv. Tanques de coagulação e floculação

A fábrica de curtumes utiliza sulfato ferroso e polielectrólito para remover os sólidos em suspensão no tratamento primário. A fábrica de curtumes adiciona floculantes antes dos coagulantes, o que não é científico. Os coagulantes têm de ser adicionados antes dos floculantes. A fábrica de curtumes doseia os produtos químicos de tratamento manualmente por estimativa.

v. Tanque de sedimentação primária

A capacidade do tanque de sedimentação primária é de 66m^3 . Não há uma precipitação adequada das lamas do tanque de sedimentação primária devido à utilização incorrecta de coagulantes e floculantes.

vi. Unidade de tratamento de crómio

Há precipitação de efluentes de cromo, mas não há sistemas de recuperação e reutilização de cromo.

B. Gestão de resíduos sólidos e lamas de curtumes

A fábrica de curtumes apara as peles e os couros em bruto antes de os ensaboar. Não é efectuada uma despoeiramento adequado do sal das peles e couros em bruto antes da imersão. Não existem leitos de secagem ou filtros-prensa para o tratamento das lamas geradas pela ETP primária. Não há separação na fonte e reciclagem de resíduos sólidos. A fábrica de curtumes vende os pedaços de peles a recicladores que produzem cola. Não existem camiões-cisterna para armazenar os resíduos sólidos até à sua eliminação no local de despejo. Os resíduos sólidos são armazenados num espaço aberto na fábrica de curtumes e depositados no local de despejo municipal a céu aberto. Durante a avaliação, a fábrica de curtumes informou-nos que um investidor demonstrou interesse em produzir cola a partir da divisão de peles. O investidor precisa de, pelo menos, 20 toneladas de peles partidas por dia para fabricar cola.

C. Conclusões e recomendações

Conclusões

A estação de tratamento de efluentes não foi construída corretamente e a capacidade da ETP é inferior à capacidade de imersão da fábrica de curtumes. A dosagem dos produtos químicos de tratamento não é automática e os produtos químicos são adicionados por estimativa. Não existem leitos de secagem para as lamas. Não existe um filtro-prensa para a desidratação das lamas. Assim, não existe um funcionamento correto da ETP. De um modo geral, a fábrica de curtumes não está em condições de tratar e manusear os resíduos sólidos e líquidos gerados pelo processo de produção de couro.

Recomendações

- A fábrica de curtumes tem de reconstruir a ETP tendo em conta a capacidade de produção e a norma MEFCC.
- Devem existir filtros-prensa ou leitos de secagem para gerir corretamente as lamas
- A fábrica de curtumes tem de melhorar o sistema de dosagem de produtos químicos para um sistema automático e a coagulação deve ser efectuada antes da floculação.
- Deve ser criado um laboratório ambiental com as instalações necessárias.
- Deve existir um depósito temporário de resíduos sólidos antes da eliminação.
- Deve haver uma separação dos resíduos sólidos na fonte.

4.2. Fábrica de curtumes Farida

Atualmente, a fábrica de curtumes ensaboa 6000 peças de pele e 400 peças de couro por dia. A fábrica de curtumes retira os sais e apara as peles e couros em bruto antes de os ensaboar. A fábrica de curtumes utiliza cerca de 552 m3 de água para os processos de curtume. Não existe um laboratório ambiental. A depilação das peles de ovelha é efectuada com tambores e existe uma máquina de filtragem de pêlos. A fábrica de curtumes utiliza painéis solares para a produção de energia a partir do sol. Existe um perito que gere as questões ambientais da fábrica de curtumes.

A. Estação de tratamento de efluentes

A fábrica de curtumes dispõe de uma estação de tratamento de efluentes até à fase secundária.

Estação de tratamento preliminar e primário

Os fluxos de águas residuais são separados na fonte: uma linha comum para sulfuretos e águas residuais gerais e outra linha para efluentes de crómio. Existem crivos de barras, tanque de oxidação de sulfureto, tanque de equalização, tanque de coagulação, tanque de floculação, tanque de sedimentação primária e tanque de precipitação de crómio. Não há dados (informações) sobre tamanhos ou capacidades da ETP.

i. Ecrãs

Os crivos separam os resíduos sólidos maiores e mais pequenos das águas residuais. A fábrica de curtumes possui crivos de barras, mas não existem crivos finos. Devido à ausência de crivos finos, os resíduos sólidos finos podem entrar nos tanques de tratamento de águas residuais e interferir com os processos de tratamento.

ii.   Tanque de equalização

Há processos de mistura e homogeneização das águas residuais no tanque de equalização.

iii. Tanques de coagulação e floculação

O sal férrico e o polielectrólito são utilizados para a coagulação e a floculação, respetivamente, para tratar as águas residuais. Mas o processo de dosagem dos produtos químicos não é efectuado de forma adequada. Não existem camiões-cisterna adequados para dissolver os produtos químicos de tratamento e preparar as soluções. O processo de dosagem é efectuado por estimativa, não é automático.

iv. Unidade de tratamento de efluentes de cromo

Embora exista uma instalação para a precipitação de crómio, esta não estava funcional durante a avaliação.

v.   Estação de tratamento secundário

O tratamento secundário é um processo de tratamento que se segue ao tratamento primário para melhorar ainda mais a qualidade das águas residuais e cumprir o limite de descarga. Esta unidade contém tanques de arejamento e de decantação. Na fábrica de curtumes Farida, existem 5 tanques de oxidação biológica na unidade de tratamento secundário. O efluente proveniente do tratamento primário é oxidado nos 5 tanques de oxidação biológica consecutivos. O efluente do tanque de arejamento vai para o tanque de decantação e, passado algum tempo, o sobrenadante é descarregado no rio próximo e as lamas vão para o filtro-prensa.

B. Gestão dos resíduos sólidos e das lamas de curtumes

Existe um pequeno filtro prensa para desidratação de lamas. Existem pequenos leitos de secagem para a desidratação das lamas de cromo. Embora a fábrica de curtumes disponha destas instalações, as instalações de gestão das lamas não são adequadas.

Não há segregação de resíduos sólidos de curtumes nas fontes, exceto a separação de peles. Não existem camiões cisterna para armazenar os resíduos sólidos até à sua eliminação no local de despejo. O curtume vende as aparas de peles para recicladores que produzem cola.

C. Conclusões e recomendações

Conclusões

Os fluxos de águas residuais são separados na fonte. Uma linha comum para sulfuretos e águas residuais gerais e outra linha para efluentes cromados. Não existem filtros finos. Não existem camiões-cisterna adequados para dissolver os produtos químicos de tratamento e preparar as soluções. O doseamento dos produtos químicos de tratamento não é automático. Embora não exista um documento de projeto que indique a dimensão da estação de tratamento de efluentes, a nossa observação física mostra que o efluente gerado não é proporcional à estação de tratamento. Não existe um laboratório ambiental. As instalações de gestão das lamas não são adequadas. Além disso, os resíduos sólidos produzidos não são separados e também não são armazenados corretamente.

Recomendações

- A fábrica de curtumes tem de reconstruir a ETP tendo em conta a capacidade de produção e a norma MEFCC.
- Devem existir crivos finos para separar os resíduos sólidos finos do efluente.
- A fábrica de curtumes tem de melhorar o sistema de dosagem de produtos químicos para um sistema automático.
- Deve ser criado um laboratório ambiental com os instrumentos necessários
- Deve existir um depósito temporário de resíduos sólidos antes da eliminação.
- É necessário efetuar a separação dos resíduos sólidos na fonte.

4.3. Curtume de Modjo

A fábrica de curtumes de Modjo está situada na cidade de Modjo. Atualmente, a fábrica de curtumes absorve cerca de 8000 peças de pele e 800 peças de couro por dia. A fábrica de curtumes tem uma ETP primária e utiliza cerca de 650 metros cúbicos de água por dia para os processos de curtume. Há um perito que gere a questão ambiental da fábrica de curtumes. A fábrica de curtumes tem enfrentado problemas de descoloração de corantes, especialmente de corantes negros. Há falta de instrumentos de laboratório no laboratório ambiental para testar amostras de águas residuais para CBO, CQO, SS e sulfureto.

A. Tratamento preliminar e primário

A fábrica de curtumes separa as águas residuais. Existem três linhas separadas para águas residuais gerais, de sulfureto e de crómio. A ETP primária foi construída com as instalações necessárias. Existem crivos, tanque de oxidação de sulfuretos, tanque de homogeneização, tanque de coagulação, tanque de floculação, tanque de sedimentação primária e tanques de recuperação de crómio.

i.Ecrãs

Existem crivos de barras e crivos finos para separar os resíduos sólidos das águas residuais. Não há entupimento de resíduos sólidos nestas linhas.

ii . Tanque de oxidação de sulfuretos

A capacidade do tanque de oxidação de sulfetos é de 222m^3 , o que não é suficiente para acomodar as águas residuais geradas. O efluente está a ser oxidado por arejamento e adição de sulfato de manganês como catalisador. No entanto, não existe acetato de chumbo para verificar a conclusão da oxidação do sulfureto.

iii Tanque de equalização

A capacidade do tanque de equalização é de 600m^3 . O total de resíduos líquidos gerados é de 591m^3 /dia, dos quais 450m^3 vão para este tanque de equalização e os restantes 141m^3 não entram no tanque de equalização porque contêm crómio e são tratados separadamente. Neste tanque de homogeneização ocorre um processo adequado de mistura e homogeneização dos resíduos.

iv   Tanques de Coagulação e Floculação

O sulfato de alumínio e o polielectrólito são utilizados para a coagulação e a floculação, respetivamente, para tratar as águas residuais. Mas o sistema de dosagem química não se baseia nos resultados dos testes de jarros.

v. Tanque de sedimentação primário

A capacidade do tanque de sedimentação primária é de 225m^3 . As lamas do tanque de sedimentação primário são descarregadas para leitos de secagem de lamas.

vi.Unidade de tratamento de efluentes de cromo

A fábrica foi construída com as instalações necessárias: tanque de recolha de crómio, tanque de precipitação, tanque de acidificação e tanque de crómio recuperado. Embora estas instalações estejam presentes, não existe qualquer prática de recuperação e reutilização do crómio. As lamas de crómio produzidas no tanque de precipitação são descarregadas em leitos de secagem de areia.

B. Gestão das lamas e dos resíduos sólidos

Existem 5 leitos de secagem para as lamas primárias e 2 leitos de secagem para a secagem das lamas de cromo. O lixiviado dos leitos de secagem é devolvido aos tanques de equalização para tratamento posterior.

Não existe segregação dos resíduos sólidos da indústria de curtumes. A fábrica de curtumes está a praticar opções de produção mais limpas, tais como o despoeiramento de sais e o corte das peles e couros em bruto antes da imersão. A fábrica de curtumes reutiliza os sais despoeirados para a preservação de peles e couros em bruto e, adicionalmente, para fins de decapagem e vende aparas de couro em bruto a recicladores que produzem cola. A fábrica de curtumes produz cola a partir de resíduos de descarna à escala piloto. Estas boas práticas devem ser objeto de benchmarking por parte de outras fábricas de curtumes. Não existem camiões-cisterna para armazenar os resíduos sólidos até à sua eliminação no local de despejo.

C. Conclusões e recomendações

Conclusão

A estação de tratamento de efluentes primários está operacional, mas apresenta algumas lacunas no que respeita à dosagem de produtos químicos. A dimensão da estação de tratamento não é suficiente para as águas residuais geradas. A fábrica de curtumes tem boas práticas relativamente a alguns dos resíduos sólidos, como o sal despoeirado e as aparas em bruto para reutilização e reciclagem de resíduos sólidos, que podem ser objeto de avaliação comparativa. Os restantes resíduos sólidos que não são reutilizados e reciclados são misturados e eliminados. Não existem camiões cisterna para o lixo.

Recomendações

- A fábrica de curtumes tem de continuar a adotar boas práticas, tais como o corte de peles e couros em bruto antes da imersão
- Aumentar a reutilização de sais despoeirados e a produção de cola a partir de aparas de carne e de pele crua.
- O laboratório ambiental tem de ser reforçado com as instalações necessárias
- Deve haver segregação dos resíduos sólidos
- Deveria haver camiões cisterna para o lixo
- O sistema de dosagem de produtos químicos deve ser baseado no teste de jarros
- A recuperação e a reutilização do crómio devem ser praticadas nas fábricas de curtumes, uma vez que têm benefícios económicos e ambientais.
- Deveria existir um mecanismo para verificar a conclusão da oxidação do sulfureto.

4.4. Bahirdar Tannery Private Limited

A empresa de curtumes Bahirdar é uma sociedade anónima que está localizada na cidade de Bahirdar. A capacidade de secagem da fábrica de curtumes Bahirdar é de 3200 peças de pele e 75 peças de couro por dia. Não existem dados sobre a dimensão da ETP. A fábrica de curtumes deixou de ensaboar peles e couros em bruto e tem transformado o seu wet blue em couro acabado. Uma vez que a fábrica de curtumes não estava a funcionar em pleno, não foi possível obter informações suficientes e não foi possível prestar apoio suficiente à fábrica de curtumes, tal como planeado. A fábrica de curtumes utiliza águas subterrâneas como fonte de água para os processos de curtume. A fábrica de curtumes descarrega as águas residuais não tratadas diretamente no rio Abay. A fábrica de curtumes tem um perito que é responsável pelas questões ambientais da fábrica de curtumes.

A. Tratamento preliminar e primário

A nova ETP foi projectada e construída para uma capacidade de imersão de 6000 peças de pele e couro por dia. A fábrica de curtumes finalizou a construção da estação de tratamento de efluentes até à estação de tratamento secundário no prazo de um ano. No entanto, não entrou em funcionamento até à data devido à situação política do país na altura e ao atraso na entrada em funcionamento por parte do fornecedor.

A ETP primária foi reconstruída aquando da construção da ETP secundária. Existem crivos, tanques de oxidação de sulfuretos, tanque de homogeneização, tanque de coagulação, tanque de floculação, tanque de sedimentação primária e tanque de recuperação de crómio com as instalações necessárias. Há segregação de águas residuais nas fontes, com três canais separados para águas residuais gerais, de sulfureto e de crómio.

i. Ecrãs

Existem crivos de barras e crivos finos para separar os resíduos sólidos das águas residuais. Estes crivos podem separar resíduos sólidos grandes e pequenos das águas residuais.

ii. Tanque de oxidação de sulfuretos

Não se procedeu à imersão das peles e couros em bruto e não se efectuou o processo de calagem. Uma vez que a estação de tratamento não está a funcionar, o tanque de oxidação de sulfuretos não estava operacional.

iii. Tanque de equalização

Existe uma unidade de mistura e homogeneização na ETP recentemente construída.

iv. Tanques de coagulação e floculação

Existem tanques de coagulação e floculação para melhorar o processo de sedimentação. O doseamento dos produtos químicos é automático.

v. Tanque de sedimentação primária

Existe um tanque de sedimentação primário para assentar os sólidos suspensos das águas residuais após o processo de coagulação e floculação.

vi. Unidade de tratamento de efluentes de cromo

A fábrica de curtumes tem um plano para reutilizar o crómio recuperado. Foi construída uma unidade de recuperação de crómio com as instalações necessárias: Recolha, precipitação e acidificação do cromo e tanques de cromo recuperado.

vii. Estação de tratamento secundário

A ETP secundária foi construída antes de um ano, incluindo tanques de oxidação biológica e de sedimentação secundária.

B. Gestão das lamas e dos resíduos sólidos

Existem dois leitos de secagem de lamas, mas não são suficientes para acomodar as lamas geradas. De acordo com o projeto, foram planeados 7 leitos de secagem com base na capacidade de imersão da fábrica de curtumes.

Existe uma separação dos resíduos sólidos da fábrica de curtumes. Os resíduos sólidos gerados pela casa das vigas são depositados no aterro municipal. A fábrica de curtumes vende outros resíduos sólidos, tais como crosta e aparas de couro acabadas, a indivíduos que produzem artigos de couro a partir de resíduos sólidos de curtumes. Utilizam um sistema de queima de pêlos para remover os pêlos das peles de ovelha.

C. Conclusão e recomendação

Conclusão

A fábrica de curtumes finalizou a construção da estação de tratamento de efluentes até ao tratamento secundário antes de um ano. No entanto, a ETP não entrou em funcionamento até à data devido às seguintes razões: a situação política do país na altura e o atraso na entrada em funcionamento por parte do fornecedor. A fábrica de curtumes deixou de ensaboar peles e couros em bruto antes de um ano, mas descarrega as águas residuais geradas pelas operações de wet blue e de acabamento diretamente no rio. Existe um perito que gere a questão ambiental da fábrica de curtumes

Recomendações

- A estação de tratamento de efluentes recentemente construída tem de ser posta em funcionamento e começar a tratar os efluentes o mais rapidamente possível

- A fábrica de curtumes tem de construir 5 leitos de secagem de lamas adicionais com base no projeto da ETP para acomodar as lamas geradas.

4.5. Fábrica de curtumes Debre Birhan

A fábrica de curtumes Debre Berhan é uma empresa privada de responsabilidade limitada. Está localizada na cidade de Debre Berhan. A cidade de Debre Berhan está situada a cerca de 130 quilómetros a nordeste de Adis Abeba. Atualmente, a fábrica de curtumes ensaboa 2000 peças de pele de ovelha por dia, mas a capacidade de ensaboamento é de 4000 peças de pele por dia e utiliza cerca de 240 m^3 de água por dia para o processo de curtume. Existe um mini-laboratório para analisar amostras de águas residuais. A fábrica de curtumes utiliza água subterrânea para os processos de curtume. A fábrica de curtumes descarrega as águas residuais tratadas através de tubagens para o rio Beressa. Existe um perito que trata das questões ambientais. Há um perito que gere a questão ambiental da fábrica de curtumes.

A. Tratamento preliminar e primário

A fábrica de curtumes tem uma estação de tratamento de efluentes até à fase secundária e tem um plano para melhorar a ETP. A fábrica de curtumes faz a separação das águas residuais. Existem três linhas separadas para águas residuais gerais, de sulfureto e de crómio. Existem crivos, tanque de homogeneização, tanque de coagulação, tanque de floculação, tanque de sedimentação primária e tanques de recuperação de crómio.

i.Ecrãs

Existem crivos de barras, mas não existem crivos finos para separar as partículas sólidas finas do efluente. Por este motivo, os resíduos sólidos finos podem entrar nas instalações de tratamento e afetar os processos de tratamento. A fábrica de curtumes tem um plano para instalar um crivo de escovas rotativas.

ii. Tanque de oxidação de sulfuretos

Não existe um tanque de oxidação de sulfureto separado, mas este é oxidado no tanque de equalização.

iii. Tanque de equalização

O tamanho do tanque de equalização é de 144m^3, o que não é suficiente para acomodar os resíduos gerados. Há aeração e homogeneização do efluente no tanque de equalização. Considerando a capacidade de imersão da fábrica de curtumes, 4000 peles/dia, o volume do tanque de equalização necessário é de cerca de 240 m^3. Portanto, o tanque não pode acomodar as águas residuais geradas pela fábrica de curtumes.

iv. Tanques de coagulação e floculação

Embora a fábrica de curtumes utilize sulfato de alumínio e polielectrólito para tratar as águas residuais, a dosagem química não é adequada e automatizada.

v. Tanque de sedimentação primária

A capacidade do tanque é de $147m^3$, o que é suficiente para acomodar os resíduos gerados. As lamas são descarregadas em leitos de secagem de lamas.

vi. Unidade de tratamento de efluentes de cromo

Embora exista um tanque de recolha de crómio, verificou-se que a fábrica de curtumes não tem uma prática adequada de gestão de resíduos de crómio.

vii. Estação de tratamento secundário

O tratamento secundário inclui um tanque de oxidação biológica e um tanque de sedimentação secundário com capacidades de $243m^3$ e $147m^3$, respetivamente. Considerando a capacidade de produção e o tempo de retenção, a dimensão do tanque de oxidação tem de ser superior a $720m^3$. Por conseguinte, a dimensão atual do tanque de oxidação biológica não é suficiente para acomodar as águas residuais.

Mas não existe um processo ativo de reciclagem de lamas para o tanque de oxidação biológica.

B. Gestão das lamas e dos resíduos sólidos

Existem 5 leitos de secagem de lamas, mas como as condições climatéricas são frias, é difícil desidratar as lamas, a menos que a fábrica de curtumes utilize um filtro-prensa. A fábrica de curtumes não devolve o lixiviado dos leitos de secagem de lamas ao tanque de equalização para tratamento posterior.

Observou-se que as peles em bruto são corretamente aparadas antes da imersão. A gestão de resíduos sólidos da fábrica de curtumes tem limitações: há acumulação de resíduos de barbear, de polimento e de pelo, enterramento de resíduos de descarna e de lamas de crómio em poços nas instalações da fábrica de curtumes. Isto pode causar poluição das águas subterrâneas, especialmente as lamas que contêm crómio. A fábrica de curtumes tem um plano para reciclar os resíduos sólidos da fábrica de curtumes.

A fábrica de curtumes preparou um plano de gestão ambiental e apresentou-o ao gabinete de proteção ambiental da administração da cidade de Debrebirhan e a outros organismos interessados da região para obter um terreno para a eliminação de resíduos sólidos, mas a administração não autorizou o terreno até agora.

C. Conclusões e recomendações

Conclusão

Apesar de a fábrica de curtumes estar a tentar melhorar o sistema de gestão de resíduos, existem ainda limitações que têm de ser melhoradas. Não há reciclagem ativa das lamas. O sistema de eliminação de resíduos sólidos tem limitações. A capacidade ou dimensão da ETP não é suficiente para acomodar os resíduos produzidos. Por conseguinte, a ETP precisa de ser melhorada

Recomendações

- Os actuais tanques de equalização e de oxidação biológica não são suficientes para o funcionamento específico da unidade. Por conseguinte, é necessário melhorar e reconstruir estes tanques.

- As lamas activas têm de ser parcialmente recicladas para o tanque de oxidação biológica.

- A administração municipal disponibiliza o terreno necessário para a construção do aterro de resíduos sólidos.

- O sistema de eliminação de resíduos sólidos tem de ser melhorado

- A redução dos resíduos nas fontes tem de ser efectuada, por exemplo, através de uma dessalinização e corte adequados

4.6. Habesha Tannery private Limited Company

A fábrica de curtumes Habesha é uma empresa privada de responsabilidade limitada situada na cidade de Bahirdar. A capacidade de imersão da fábrica de curtumes Habesha é de 4000 peças de pele por dia. A empresa construiu uma estação de tratamento primário, mas esta não entrou em funcionamento e não começou a tratar os efluentes gerados pelo processo de curtimento. Por esta razão, os efluentes gerados são descarregados diretamente no rio Abay.

A. Estação de tratamento de efluentes

A fábrica de curtumes concluiu a construção da estação de tratamento de efluentes primários há um ano. No entanto, a ETP ainda não foi colocada em funcionamento por várias razões: a empresa de curtumes não estava a ter bons resultados comerciais (problema de mercado), a situação política do país na altura e a falta de financiamento. Uma vez que a ETP não estava operacional pelas razões acima mencionadas, não foi possível obter as informações necessárias. A estação de tratamento de efluentes primários recentemente construída é constituída por crivos, oxidação de sulfuretos, homogeneização, coagulação, floculação, sedimentação primária e tanques de recuperação de crómio.

A fábrica de curtumes utiliza o rio Abay como fonte de água para os processos de curtume. Uma vez que a ETP da fábrica de curtumes não está operacional, esta descarrega as águas residuais não tratadas diretamente no rio Abay.

B. Gestão de resíduos sólidos

Observou-se que havia acumulação incorrecta de resíduos sólidos e ausência de segregação de resíduos sólidos na fábrica de curtumes.

C. Conclusão e recomendação

Conclusão

A fábrica de curtumes tem vindo a transformar o wet blue em couro acabado e descarrega os efluentes gerados diretamente no rio Abay, embora a empresa tenha construído uma estação de tratamento primário que não foi posta em funcionamento durante um longo período de tempo.

Recomendações

- A estação de tratamento de efluentes primários recentemente construída tem de ser posta em funcionamento e começar a tratar os efluentes o mais rapidamente possível
- Os resíduos sólidos devem ser armazenados corretamente e depositados no local de descarga sem demora.

4.7. Empresa privada de curtumes Friendship Tannery

A fábrica de curtumes Friendship é uma empresa privada que se dedica ao curtimento de peles de carneiro, de cabra e de vaca. A fábrica de curtumes produz produtos acabados de couro/pele para calçado, luvas, bolsas, malas, vestuário, cintos e outras utilizações para os mercados internacionais. A fábrica de curtumes está a processar 5.000-7.000 peles de cabra e 300-350 peles de vaca por dia. Utiliza cerca de 516 m3 de água por dia.

Em agosto de 2016, a fábrica de curtumes foi forçada a interromper a produção pelo Gabinete do Ambiente, Florestas e Alterações Climáticas de Oromia durante algumas semanas devido a lacunas na gestão ambiental da fábrica de curtumes. Os peritos do LIDI fizeram um esforço para analisar as lacunas, preparar um plano de ação para as colmatar e implementar as medidas correctivas de modo a melhorar as lacunas ambientais da fábrica de curtumes. Durante a nossa visita, observámos que a fábrica de curtumes não conseguiu manter as melhorias introduzidas. Embora a fábrica de curtumes disponha de uma estação de tratamento de efluentes primários, a maioria das unidades de tratamento não está a cumprir o seu objetivo e não corresponde à capacidade de produção da fábrica de curtumes. Além disso, a fábrica de curtumes não dispõe de mão de obra especializada que possa gerir a questão ambiental da fábrica de curtumes.

A. Tratamento preliminar e primário

O processo de tratamento de efluentes tem de ser iniciado a partir da separação das linhas, o que não acontece nesta fábrica de curtumes. Há mistura de diferentes fluxos de resíduos, o que é indesejável e resulta na complexidade do processo de tratamento.

i. Ecrã

A fábrica de curtumes dispõe de crivos de barras e de crivos finos. As peneiras finas não estão a funcionar corretamente. Os sólidos que deveriam ter sido removidos pelo processo de crivagem estão a passar para o processo seguinte, o que cria muitos problemas na infraestrutura eletromecânica.

ii. Oxidação de sulfuretos

A empresa dispõe de um tanque de oxidação de sulfuretos. No entanto, não dispõe de um abastecimento de ar suficiente e dos produtos químicos necessários, como o sulfato de manganês, utilizado como catalisador para a oxidação do sulfureto, e o acetato de chumbo, para monitorizar a oxidação do sulfureto.

iii. Tanque de equalização

Verificou-se que existe um tanque, mas sem um sistema adequado de fornecimento de ar e de mistura. Além disso, foi observada a acumulação de outros resíduos que não os provenientes da fábrica de curtumes (como garrafas de água, sacos de plástico, etc.). Para a oxidação de sulfuretos, a empresa não dispõe dos produtos químicos necessários, como o sulfato de manganês e o acetato de chumbo.

iv. Coagulação e Floculação

A estação de tratamento tem uma instalação de coagulação e floculação. Mas não existe uma dosagem química adequada, o que afecta o processo de tratamento.

v. Tanque de sedimentação primária

Uma vez que todos os processos unitários anteriores não estão a funcionar, o clarificador primário não está também a reduzir a carga poluente conforme necessário. Por conseguinte, o clarificador primário (tanque de sedimentação) não é eficiente.

vi. Unidade de tratamento de efluentes de cromo

A fábrica de curtumes recolhe o licor de crómio usado mas não o trata adequadamente. O licor de cromo não tratado está a misturar-se com o efluente geral.

B. Gestão das lamas e dos resíduos sólidos

A fábrica de curtumes tem um leito de secagem de lamas, mas a sua construção não é correcta. O revestimento e o meio filtrante dos leitos não estão corretamente colocados com a profundidade necessária e o número não é suficiente para o fluxo de lamas que entra. Além disso, estava previsto que a fábrica de curtumes instalasse um filtro-prensa desde agosto de 2016, mas nada foi alterado.

Os resíduos sólidos gerados a partir do piso de produção são despejados numa área aberta no recinto da fábrica de curtumes até serem transportados para o local de despejo municipal. Por esta razão, existem muitos resíduos sólidos não controlados na fábrica de curtumes que têm tendência para poluir as águas subterrâneas, especialmente na estação das chuvas. De um modo geral, a prática de gestão das lamas e dos resíduos sólidos da fábrica de curtumes é muito deficiente.

C. Conclusão e recomendação

Conclusão

A prática de gestão de resíduos líquidos e sólidos da fábrica de curtumes é deficiente. Embora o LIDI tenha envidado esforços para melhorar a gestão ambiental da fábrica de curtumes, as melhorias registadas não são encorajadoras.

Espera-se muito das empresas de IDE, como a amizade, em termos de transferência de tecnologia, produção ecológica e intensificação da produção e da produtividade. No entanto, o que se passa é o contrário no que diz respeito à proteção do ambiente.

Recomendações

- Uma vez que a capacidade de produção da fábrica de curtumes está a aumentar com o tempo, a capacidade da ETP tem de ser aumentada proporcionalmente.
- A fábrica de curtumes tem de afetar mão de obra especializada à gestão ambiental da fábrica de curtumes.
- A eficiência do tratamento da estação de tratamento de efluentes tem de ser verificada para determinar a necessidade de redução da carga poluente.

4.8. United Vasan Tannery private Limited Company

A fábrica de curtumes United Vasan é uma empresa privada que se dedica ao curtimento de peles de carneiro, de cabra e de vaca. A fábrica de curtumes produz peles acabadas e produtos de pele para a parte superior do calçado, luvas, bolsas, malas, vestuário, cintos e outras utilizações para os mercados internacionais. A fábrica de curtumes tem uma capacidade de processamento de 4000 peles por dia, mas atualmente produz 1500 peles de ovelha por dia. Utiliza cerca de 240 m^3 de água por dia.

Embora a fábrica de curtumes disponha de uma estação de tratamento de efluentes que foi concebida para acomodar tratamentos primários e secundários, a maioria dos processos unitários não está a cumprir o seu objetivo. A fábrica de curtumes não dispõe de mão de obra especializada que possa gerir a questão ambiental da fábrica de curtumes.

A. Tratamento preliminar e primário

O processo de tratamento de efluentes tem de ser iniciado a partir da segregação de linhas, que não existe nesta fábrica de curtumes. Há mistura de diferentes fluxos, o que é indesejável e resulta na complexidade do processo de tratamento. Para além disso, a fábrica de curtumes não dispõe de mão de obra qualificada para gerir a ETP.

i. Ecrã

A fábrica de curtumes tem crivos de barras mas não tem crivos finos. Os crivos de barras, por si só, não conseguem efetuar a remoção física dos sólidos. Os sólidos que deveriam ter sido removidos pelo processo de crivagem passam para o processo seguinte, o que cria muitos problemas na infraestrutura eletromecânica.

ii. Tanque de equalização

A oxidação do sulfureto está a ser efectuada no tanque de equalização. Verificou-se que existe um tanque, mas sem fornecimento de ar e sistema de mistura adequados. Para a oxidação de sulfuretos, a empresa não dispõe dos produtos químicos necessários, como o sulfato de manganês e o acetato de chumbo. Não existe um tanque separado para a oxidação de sulfuretos.

iii. Coagulação e Floculação

A estação de tratamento tem uma instalação de coagulação e floculação (tanque). Mas não existe um doseamento químico adequado, pelo que o processo unitário não tem qualquer utilidade.

iv. Tanque de sedimentação primária

Uma vez que todos os processos unitários anteriores não estão a funcionar, o clarificador primário não está também a reduzir a carga poluente conforme necessário. Por conseguinte, o clarificador primário não é eficiente.

v. Tratamento de efluentes de cromo

A fábrica de curtumes recolhe o licor de cromo usado e desidrata-o num leito de secagem de areia. Não há reciclagem ou reutilização do licor de cromo.

vii. Gestão de lamas e resíduos sólidos

A fábrica de curtumes possui um leito de secagem de lamas, tanto para o efluente geral como para o efluente cromado. Os resíduos sólidos gerados no piso de produção, bem como as lamas desidratadas, são recolhidos num tanque de lixo e depois transportados para o local de amortecimento municipal.

viii. Conclusão e recomendações

Conclusão

Enquanto empresa de IDE, a United Vasan é obrigada a transferir tecnologia, a implementar uma produção respeitadora do ambiente, bem como a intensificar a produção e a produtividade. No entanto, está a acontecer o contrário no que diz respeito à proteção do ambiente. Foi observado que a fábrica de curtumes está a misturar os efluentes com as águas subterrâneas para os diluir. Esta prática tem de ser interrompida, uma vez que não reduz a carga poluente e está a desperdiçar água valiosa. A empresa está a utilizar apenas a sua unidade de tratamento primário, embora disponha de uma unidade de tratamento secundário

Recomendações

- A fábrica de curtumes tem de afetar mão de obra especializada à gestão ambiental da fábrica de curtumes.
- A fábrica de curtumes tem de utilizar a instalação de tratamento secundário que já foi construída há muito tempo.
- A eficiência do tratamento da estação de tratamento de efluentes tem de ser verificada para determinar a necessidade de redução da carga poluente.

4.9. Empresa privada de curtumes Batu

A fábrica de curtumes de Batu tem capacidade para transformar 4 000 peles de ovelha, 1 000 peles de cabra e 700 peles de vaca por dia. Mas, atualmente, a fábrica de curtumes está a transformar apenas 1100 unidades de pele de vaca por dia. Utiliza cerca de 640 m^3 de água por dia.

A fábrica de curtumes dispõe de uma estação de tratamento de efluentes primários, que consiste num tratamento físico-químico (crivagem, equalização, coagulação e floculação e clarificador primário) e num filtro-prensa para a desidratação das lamas.

i. Tratamento preliminar e primário

O tratamento primário é um método de tratamento físico-químico que consiste nos seguintes processos unitários.

i.Ecrã

A fábrica de curtumes instalou o crivo para as linhas gerais, de sulfureto e de crómio separadamente. Está a funcionar corretamente e a cumprir o seu objetivo.

ii. Tanque de equalização

A oxidação do sulfureto está a ser efectuada no tanque de equalização. Para equalizar as águas residuais que entram, oxidar o sulfureto e criar características uniformes de resíduos para facilitar o tratamento posterior, o tanque deve conter sistemas de fornecimento de ar, como sopradores/difusores e equipamento de mistura. Observou-se que não há fornecimento de ar e mistura suficientes. Assim, existe uma zona morta no interior do tanque que pode resultar numa mistura e homogeneização inadequadas, o que, por sua vez, afecta a eficiência global do tratamento da instalação. Relativamente à oxidação de sulfuretos, a empresa não dispõe de acetato de chumbo para provar que a oxidação está completa ou não.

iii. Coagulação e Floculação

A estação de tratamento tem uma instalação de coagulação e floculação. Mas a dosagem química não está a ser efectuada de forma científica: não se adicionam os coagulantes e floculantes com base em testes periódicos de jarros.

iv. Clarificador primário

O clarificador primário não é eficiente. Foram observadas as seguintes lacunas

> O óleo e a gordura não estão a ser removidos

> Os entalhes em V são destacados da estrutura do clarificador, permitindo a passagem do efluente por baixo

v. Tratamento de efluentes de cromo

A fábrica de curtumes recolhe o licor de cromo usado, recupera o cromo e recicla-o no processo de produção. Esta prática é apreciável.

vi. Gestão das lamas e dos resíduos sólidos

A fábrica de curtumes dispõe de um condicionador de lamas e de um filtro-prensa para a desidratação das lamas. Esta é a forma eficiente de desidratação e manuseamento das lamas. Após a desidratação, as lamas desidratadas são colocadas num tanque de lixo e depois transportadas para o local de amortecimento municipal, tal como os outros resíduos sólidos. Os resíduos sólidos gerados no piso de produção são recolhidos num tanque de lixo e depois transportados para o local de amortecimento municipal.

C. Conclusões e recomendações

Conclusão

A empresa dispõe de uma instalação de tratamento primário, mas existem lacunas operacionais: fornecimento de ar suficiente e mistura no tanque de equalização, dosagem incorrecta de produtos químicos. Embora tenha sido ministrada formação teórica e prática sobre a dosagem de produtos químicos ao perito em ETP da fábrica de curtumes, esta não está a ser executada em conformidade. A prática de gestão das lamas e dos resíduos sólidos da fábrica de curtumes é considerada boa.

Recomendações

- É preferível efetuar a oxidação do sulfureto num tanque separado, uma vez que existe uma facilidade. O catalisador e o acetato de chumbo têm de ser disponibilizados numa quantidade suficiente.
- O problema do sistema de mistura e de fornecimento de ar no tanque de equalização tem de ser resolvido o mais rapidamente possível.
- A dosagem de produtos químicos nos processos de coagulação e floculação deve ser feita com base no teste de jarros.
- A empresa tem de construir uma estação de tratamento secundário para diminuir ainda mais a carga poluente, de modo a cumprir a norma de descarga.

4.10. Ethiopia Tannery Share Company (Pittards)

A fábrica de curtumes Pittards está a produzir produtos a partir de peles e couros, e está a processar pele de cabra por dia, 1200 pele de ovelha por dia e 1083 pele de vaca por dia. São utilizados cerca de 1500 m³ de água por dia para o processo de fabrico de couro e são geradas cerca de 1000m³ de águas residuais por dia. A fábrica de curtumes possui uma unidade de tratamento secundário com um sistema de dosagem automática dos produtos químicos necessários.

A. Tratamento preliminar e primário

i. Ecrã

São instalados vários crivos de barras no interior da secção de produção e antes do crivo rotativo. Existem dois crivos de escova rotativos funcionais que removem partículas grandes, matéria flutuante, areia/grão e outros materiais sólidos.

Na fábrica de curtumes, as correntes com elevada concentração de sulfuretos, cloretos e crómio e as correntes de águas residuais gerais são separadas na fonte e as correntes com elevada concentração de sulfuretos, cloretos e crómio são recolhidas em três lagoas diferentes. O papel da separação na fonte consiste em reduzir a concentração de crómio, cloreto e sulfuretos antes de o efluente ser descarregado na rede de recolha.

ii.   Tanque de equalização

Depois de as águas residuais passarem pelo crivo fino, são recolhidas no tanque de compensação de caudal. No entanto, durante a avaliação, o tanque de compensação de caudal não estava operacional porque os difusores e a bomba estavam avariados.

Os principais objectivos são a homogeneização do efluente e a eliminação do sulfureto por oxidação catalítica. Assim, é essencial manter todas as partículas em suspensão para evitar a sedimentação dos sólidos, utilizando dispositivos de arejamento. No entanto, os difusores que se encontram no fundo do tanque de equalização do caudal falharam, provocando a sedimentação dos sólidos sedimentáveis.

iii. Unidade de preparação e doseamento de soluções químicas para tratamento de águas residuais

Os produtos químicos para o tratamento de águas residuais são adicionados para melhorar e acelerar a sedimentação de sólidos em suspensão, especialmente de matéria fina e coloidal.

A fábrica de curtumes utilizou sulfato de manganês, cal, sulfato de alumínio, polielectrólito e peróxido de hidrogénio para tratar as águas residuais geradas até ao nível de tratamento biológico. No entanto, existe um problema de preparação da solução química padrão, ou seja, a solução não foi preparada cientificamente.

Durante a avaliação, a solução de sulfato de manganês e de sulfato de alumínio foi misturada manualmente porque os misturadores para a preparação da solução falharam. Existem também problemas operacionais durante a dosagem dos produtos químicos de tratamento, uma vez que a dosagem adequada dos produtos químicos não foi determinada. A dosagem adequada dos produtos químicos para o tratamento das águas residuais pode ser determinada efectuando regularmente o teste do jarro.

iv. Sedimentação primária

Após a adição de produtos químicos para o tratamento das águas residuais, estas são recolhidas num tanque de sedimentação primário circular para sedimentar os sólidos orgânicos e inorgânicos por sedimentação gravitacional e a escória, gorduras, ceras, óleos minerais e materiais flutuantes não gordos são removidos por escuma.

v.Tratamento biológico (secundário)

As águas residuais são tratadas até à operação de tratamento biológico. Durante a avaliação, a estação de tratamento biológico não estava a funcionar, porque o arejador de superfície estava em manutenção.

vi. Clarificador secundário

As águas residuais tratadas biologicamente a partir do tanque de oxidação são bombeadas para o clarificador secundário e deixadas a assentar, no entanto, durante a avaliação, o arejador de superfície estava em manutenção e as águas residuais não eram tratadas biologicamente. As águas residuais do clarificador secundário são descarregadas para o ambiente circundante.

A fábrica de curtumes monitorizou a qualidade das águas residuais tratadas através da realização de análises no seu próprio laboratório uma vez por semana e a Autoridade de Proteção Ambiental de Adis Abeba numa base mensal, uma vez que os resultados das análises laboratoriais estão documentados.

B. Gestão das lamas e dos resíduos sólidos

As lamas do tanque de decantação primária e do tanque de decantação secundária são colocadas no leito de secagem.

Uma grande quantidade de pêlos, aparas em bruto, resíduos de descarnamento, aparas de peles, poeiras de barbear, poeiras de polimento, lamas de crómio e lamas secas do leito de secagem são recolhidas separadamente na fonte e eliminadas em conjunto num local de despejo a céu aberto dentro do recinto da fábrica de curtumes.

A fábrica de curtumes implementa opções de produção mais limpas, como a unidade de regeneração de sal à escala piloto, que é utilizada para a regeneração do sal despoeirado que é utilizado para a preservação de peles. A dessalinização é efectuada manualmente a partir de peles em bruto antes da imersão, dissolvendo-as em água e pulverizando-as num tanque cimentado, recolhendo depois o novo sal regenerado após a evaporação da água.

C. Conclusão e recomendação

Conclusão

A fábrica de curtumes tem boas práticas na implementação de uma produção mais limpa, na segregação de diferentes fluxos de águas residuais na fonte e na aplicação de uma lagoa para águas residuais concentradas salinas e de sulfureto. Embora a fábrica de curtumes disponha de uma estação de tratamento de efluentes secundários, esta não está totalmente operacional devido a atrasos na manutenção. Uma grande quantidade de resíduos de cabelo, aparas em bruto, resíduos de carne, aparas de peles, poeiras de barbear, poeiras de polimento, lamas de crómio e lamas secas do leito de secagem são recolhidas e despejadas em conjunto no local. Mas há um problema operacional de tratamento e a solução química não é preparada cientificamente.

Recomendação

> Uma grande quantidade de resíduos de cabelo, aparas em bruto, resíduos de carne, aparas de peles, poeiras de barbear, poeiras de polimento, lamas de crómio e lamas secas do leito de secagem são recolhidas separadamente na fonte e em vez de serem despejadas em conjunto no local.

- Produção de cola, enchimento e alimentação animal a partir de aparas de peles em bruto.

- Produção de enchimento a partir de pó de barbear e de polimento.

- Preparação de composto orgânico a partir de resíduos de carne e de lamas

- Preparação de licor de gordura a partir de resíduos de descarna.

- Fabrico de placas de couro a partir de pó de barbear.

- Seguir o procedimento científico durante a preparação da solução padrão e a dosagem do produto químico para tratamento de águas residuais.

- Recuperação de crómio a partir de lamas de crómio.

- Deve haver manutenção preventiva e correctiva de acordo com o procedimento EMS.

4.11. Indústria DX

A fábrica de curtumes DX está a produzir produtos a partir de peles; está a processar 3500 peças de pele de cabra por dia. São geradas cerca de 500m^3 de águas residuais por dia. A fábrica de curtumes construiu uma estação de tratamento secundário com um sistema de dosagem automática dos produtos químicos necessários. A estação de tratamento de efluentes não estava a funcionar durante a avaliação devido à falta de fornecimento de energia eléctrica.

A. Tratamento preliminar e primário

i. Ecrã

Nas águas residuais de curtumes com sulfureto, a concentração de crómio e os fluxos de resíduos gerais são separados na fonte. O papel da separação na fonte das águas residuais com crómio é reduzir a concentração de crómio nas águas residuais gerais.

ii. Tanque de equalização

Depois de as águas residuais passarem pelo crivo, são recolhidas no tanque de equalização de caudal. No entanto, durante a avaliação, o tanque de equalização de fluxo não estava operacional devido à falta de fornecimento de energia eléctrica.

iii. Unidade de preparação e doseamento de soluções químicas para tratamento de águas residuais

A fábrica de curtumes utilizou PAM, PAC, NaOH e $Fe_2(SO_4)_3$ como produtos químicos de tratamento de águas residuais para tratar as águas residuais geradas. A fábrica de curtumes tem um perito que acompanha a questão ambiental da fábrica de curtumes.

iv.Sedimentação primária

A capacidade do tanque de sedimentação primária éNo entanto,   o   tanque   de   sedimentação primária não foi

operacional devido à falta de fornecimento de energia eléctrica.

v.   Unidade de tratamento de cromo

As águas residuais com crómio provenientes da secção de curtumes são recolhidas separadamente e precipitadas por adição de cal, sendo convertidas em lamas de crómio. O crómio precipitado é descarregado no leito de secagem de lamas e o sobrenadante é misturado com os resíduos gerais. Os sólidos que contêm crómio foram queimados no leito de secagem, o que pode resultar na conversão do crómio em poluentes atmosféricos mais tóxicos.

vi. Tratamento biológico (secundário)

As águas residuais são tratadas até ao nível do tratamento biológico. A estação de tratamento biológico não estava operacional devido à falta de fornecimento de energia eléctrica. A fábrica de curtumes controlou a qualidade das águas residuais tratadas, enviando amostras de águas residuais tratadas para a Autoridade de Proteção Ambiental de Addis Abeba, onde o resultado da análise laboratorial está documentado.

B. Gestão das lamas e dos resíduos sólidos

As lamas provenientes dos tanques de decantação primário e secundário são depositadas no leito de secagem. Uma grande quantidade de pêlos, aparas em bruto, resíduos de descarnamento, aparas de peles, poeiras de barbear e poeiras de polimento são recolhidas temporariamente num espaço aberto dentro do recinto da fábrica de curtumes e eliminadas no local de eliminação municipal.

C. Conclusão e recomendação

Conclusão

A fábrica de curtumes tem boas instalações de tratamento de águas residuais que podem reduzir a carga poluente. No entanto, é necessário um abastecimento suficiente de energia eléctrica. A queima de sólidos contendo cromo pode resultar na conversão do cromo em poluentes atmosféricos mais tóxicos.

Recomendação

- Deverá existir uma fonte alternativa de energia eléctrica (gerador) para o funcionamento regular da estação de tratamento de efluentes

- Implementação de uma opção de produção mais limpa, como a dessalinização antes da demolha, para reduzir a concentração de cloreto nas águas residuais.

4.12. East Africa Tannery Private Limited Company

A fábrica de curtumes da África Oriental está a produzir produtos a partir de peles e tem uma capacidade de processamento de 6000 peças de pele de cabra e ovelha por dia, gerando cerca de $360m^3$ de águas residuais por dia. A fábrica de curtumes construiu uma estação de tratamento primário com um sistema de dosagem automática dos produtos químicos necessários.

A. Tratamento preliminar e primário

i.Ecrã

Estão instalados um canal de areia, crivos de barras e crivos rotativos. Foram construídas três linhas de águas residuais para a separação das águas residuais na fonte.

ii. Tanque de oxidação de sulfuretos

O tanque de oxidação de sulfuretos tem uma capacidade de tratamento de $96m^3$ águas residuais.

iii. Tanque de equalização

O tanque de equalização de caudal tem uma capacidade de tratamento de $598,5m^3$ águas residuais. Pode tratar as águas residuais quando a fábrica de curtumes começa a processar 6000 peças de pele de cabra e ovelha por dia.

iv. Unidade de preparação e doseamento de soluções químicas de tratamento

Existe todo o equipamento e produtos químicos necessários para a preparação e dosagem da solução. No entanto, não existe um operador profissional de tratamento de efluentes.

v. Sedimentação primária

O tanque de sedimentação primário tem capacidade para tratar $50,24m^3$ águas residuais.

vi. Unidade de tratamento de cromo

O tanque de precipitação de crómio está preparado para a formação de lamas de crómio. Tem uma capacidade de tratamento de $47,52m^3$ águas residuais.

B. Gestão das lamas e dos resíduos sólidos

Existem 5 leitos de secagem de areia, com a capacidade de 70m^3 , para desidratar as lamas do tanque de decantação primária e do tanque de precipitação de cromo.

C. Conclusão

A fábrica de curtumes construiu uma unidade de tratamento primário com um sistema de dosagem automática dos produtos químicos necessários. Quando a fábrica de curtumes inicia a transformação, a infraestrutura ambiental existente tem capacidade para tratar a nível primário. No entanto, falta um operador profissional da estação de tratamento de efluentes.

D. Recomendação

Exigir ao trabalhador profissional operador de estação de tratamento de efluentes.

4.13. Indústria de curtumes Sun

Durante a avaliação, a fábrica de curtumes foi encerrada devido a um problema de empréstimo com garantia bancária. Por este motivo, a avaliação das lacunas não foi efectuada para esta fábrica de curtumes.

4.14. Empresa de partilha de produtos de couro da China África do Sul

A China Africa Over Seas Leather Products Share Company é um dos investimentos directos estrangeiros no sector da transformação de couro, tendo sido criada por investidores chineses e pelo Fundo de Desenvolvimento da China para África em 2009G.C.

Apesar de os IDE estarem conscientes das questões ambientais e de se esperar que transfiram conhecimentos e tecnologia para as fábricas de curtumes locais no que respeita a tecnologias de produção mais limpas, tratamento de águas residuais e gestão de resíduos sólidos, a maioria deles não está em posição de ser um exemplo para os outros. Desde o estabelecimento das fábricas de curtumes, o Instituto de Desenvolvimento da Indústria do Couro tem vindo a acompanhar continuamente, apoiando através de formação, dando aconselhamento técnico e enviando sugestões sobre o seu sistema de gestão ambiental.

A fábrica de curtumes tem uma capacidade de imersão de 10000pices/dia de peles de ovinos e caprinos salgadas a húmido. A fábrica de curtumes tem uma estação de tratamento de efluentes primária e secundária.

A. Tratamento preliminar e primário

Para o funcionamento correto da ETP, devem existir as instalações necessárias, produtos químicos e pessoal formado. No entanto, a China Africa não dispõe de pessoal qualificado responsável pela gestão ambiental da fábrica de curtumes. Relativamente à instalação de tratamento, cada unidade é descrita a seguir.

i.Ecrã

Existem três linhas de fluxo para separar o licor de cal, o cromo e os resíduos gerais. Embora devesse ser instalado um crivo na linha de águas residuais, não existe uma máquina de crivagem fina. Não existe um canal de areias, exceto um crivo de barras à entrada do tanque de equalização. Devido a este facto, o tanque de recolha está cheio de resíduos sólidos.

ii.   Tanque de equalização

O tanque de equalização não está corretamente construído, o que significa que não há qualquer instalação de mistura, bem como paredes divisórias desnecessárias são colocadas no tanque e parte do tanque está virada para uma fenda. Isto faz com que o efluente proveniente da fábrica de curtumes não tenha características uniformes. Para igualar as águas residuais recebidas, oxidar o sulfureto e criar características uniformes, para facilitar o tratamento posterior, o tanque deve conter sistemas de fornecimento de ar, como sopradores e equipamento de mistura.

Mas o tanque não dispõe de tais instalações, antes tem paredes divisórias no interior do tanque e não mistura os resíduos provenientes da fábrica de curtumes.

iii. Coagulação e Floculação

O objetivo do tanque de coagulação é desestabilizar as águas residuais através da adição de produtos químicos coagulantes numa mistura rápida. O tanque de floculação é utilizado para criar um floco através da adição de floculantes através de uma mistura suave. No caso da China Africa, a sua estação de tratamento não possui um tanque de coagulação e floculação, pelo que adicionam os químicos no tanque de equalização. Para além disso, a fábrica de curtumes não utiliza uma dosagem adequada de químicos, adicionando-os por estimativa.

iv. Sedimentação primária

Uma vez que todos os processos unitários anteriores não estão a funcionar corretamente, o clarificador primário não está a reduzir a carga poluente conforme necessário. Por conseguinte, pode dizer-se que o clarificador primário não é eficiente. Uma vez que a dosagem de produtos químicos é efectuada por estimativa, a formação de lamas no clarificador não é consistente.

v.   Unidade de tratamento de cromo

Após a adição de produtos químicos (cal), o crómio precipita-se e as lamas de crómio precipitadas são despejadas numa fossa. Uma vez que a fossa não está revestida de betão, provocará poluição ambiental. Em especial, provocará a poluição das águas superficiais e subterrâneas. Em vez de precipitar e despejar as lamas, é preferível recuperar e reutilizar o crómio, tanto do ponto de vista ambiental como económico.

vi. Tratamento biológico

Trata-se de um método de tratamento que utiliza microorganismos para consumir a matéria orgânica presente nas águas residuais. No caso da China Africa, apesar de duplicar a sua capacidade de produção, a capacidade da estação de tratamento não é aumentada em conformidade. Além disso, não dispõe de um sistema de fornecimento de ar adequado: não existe um fornecimento de ar uniforme em todo o tanque de arejamento.

C. Gestão das lamas e dos resíduos sólidos

A fábrica de curtumes não dispõe de um mecanismo de tratamento das lamas geradas pela sedimentação primária e secundária, bem como pelos tanques de precipitação de crómio. Uma vez que não existe um leito de secagem de lamas em betão devidamente construído (em alternativa, um filtro-prensa de lamas), as lamas são depositadas num terreno baldio. Esta situação permite que os produtos químicos se infiltrem no lençol freático, especialmente durante a estação das chuvas, sendo também lavados e entrando no rio próximo. Atualmente, todos os resíduos sólidos gerados pela fábrica de curtumes são recolhidos e transportados para um local de eliminação de resíduos sólidos urbanos (koshe).

D. Conclusão e recomendação

Conclusão

As principais desvantagens da ETP da fábrica de curtumes são as seguintes: não existe pessoal qualificado responsável pela gestão ambiental, não existe um crivo fino e um crivo de barras a alguns intervalos da linha, o tanque de equalização não tem qualquer instalação de mistura, bem como paredes divisórias desnecessárias são colocadas no tanque e parte do tanque está virada para uma fenda, não existe um tanque de coagulação e floculação, a dosagem química é feita por estimativa e adicionada no tanque de equalização, o cromo e as lamas gerais são eliminados num terreno baldio e este método de manuseamento e eliminação de lamas criará um efeito duradouro. A população a jusante utiliza o rio para diferentes fins e esta situação agrava o problema, uma vez que a fábrica está localizada na parte superior da bacia hidrográfica. De um modo geral, a fábrica de curtumes não dispõe de uma estação de tratamento de águas residuais normalizada.

Recomendação

> Devem ser colocados crivos de barras a alguns intervalos para a remoção de materiais grosseiros

> Deve ser colocado um crivo fino à entrada da unidade de tratamento

> O tanque de equalização deve ser reconstruído de forma a homogeneizar e reter as águas residuais que entram neste tanque, fornecendo instalações de mistura como ejetor de risco, difusores, misturador, etc.

> Deve existir um tanque de coagulação e floculação com um misturador adequado

> A dosagem de produtos químicos deve ser substituída por um sistema de dosagem automática

> Os leitos de secagem de lamas cromadas e gerais devem ser construídos com betão ou deve ser colocado um filtro-prensa com capacidade para desidratar as lamas produzidas.

> A fábrica de curtumes tem de empregar mão de obra qualificada que seja responsável pela gestão ambiental.

> A fábrica de curtumes deve reconstruir a estação de tratamento de águas residuais primária e secundária, tendo em conta a capacidade atual, e deve dispor de um leito de secagem de lamas ou de um filtro-prensa para a gestão das lamas.

4.15. Fábrica de curtumes ELICO Abyssinia

A fábrica de curtumes tem uma capacidade de imersão de 6000 unidades/dia de peles húmidas salgadas de ovinos e caprinos. Dispõe de uma estação de tratamento de efluentes recentemente construída, inaugurada em 2009 CE. A estação de tratamento de efluentes dispõe de um sistema de tratamento primário e secundário que consiste em crivos de barras e finos, oxidação de sulfuretos, equalização, coagulação e floculação, decantação primária, oxidação, tanques de decantação secundária, acondicionamento de lamas e filtro-prensa que estão a funcionar corretamente. Além disso, a ETP dispõe de um sistema de controlo automático. A direção da fábrica de curtumes está empenhada na proteção do ambiente. Atualmente, todos os resíduos sólidos gerados na fábrica de curtumes são recolhidos e transportados para um aterro municipal de eliminação de resíduos sólidos (koshe).

A. Tratamento preliminar e primário

i. Ecrãs

Existem três linhas de fluxo para separar as águas residuais e três crivos rotativos a funcionar corretamente para as águas residuais gerais, de sulfureto e de crómio antes do tanque de equalização. Existem também crivos de barras a alguns intervalos antes dos crivos rotativos.

ii. Tanque de equalização

O tanque está a funcionar corretamente, com as instalações de homogeneização necessárias, como o misturador.

iii. Tanque de coagulação e floculação

Existe um tanque de coagulação e floculação no qual tanto a coagulação como a floculação estão a funcionar corretamente. O sistema de dosagem de produtos químicos é automático e está a funcionar corretamente.

iv. Sedimentação primária

Existe um tanque de sedimentação a funcionar corretamente. As lamas deste tanque vão para um filtro prensa e o sobrenadante para a unidade de tratamento secundário.

V. Tratamento de efluentes de cromo

Observa-se que o licor de cromo é segregado, recuperado e reutilizado.

VI. Tratamento secundário

O método de tratamento secundário, que utiliza microrganismos para degradar as matérias orgânicas da fábrica de curtumes, está a funcionar corretamente. A estação de tratamento de efluentes da fábrica de curtumes pode cumprir a norma de efluentes com as instalações disponíveis, exceto o cloreto.

B. Tratamento de lamas e manuseamento de resíduos sólidos

As lamas do clarificador são desidratadas com um filtro prensa. Mas o filtro prensa não é eficiente na produção de um bolo seco. Por este motivo, utiliza-se a luz solar para a secagem. Todos os resíduos sólidos gerados na fábrica de curtumes são recolhidos e transportados para um local de eliminação de resíduos sólidos urbanos (koshe).

C. Conclusão e recomendação

Conclusão

A estação de tratamento de efluentes da fábrica de curtumes foi bem projectada, tendo em conta a capacidade de produção. Dispõe de unidades de tratamento preliminar, primário e secundário que funcionam corretamente. Existe pessoal formado que é responsável pela gestão ambiental. A ETP existente está a funcionar corretamente com uma melhor experiência de proteção ambiental. A direção da fábrica de curtumes está empenhada na proteção do ambiente.

Recomendação

A fábrica de curtumes deve continuar o bom trabalho e manter a ETP.

4.16. Fábrica de curtumes ELICO Awash

A fábrica de curtumes Awash foi fundada em 1964E.C. Está situada no centro de Adis Abeba, perto do pequeno rio Akaki. A fábrica de curtumes tem uma capacidade de imersão de 8000 unidades/dia de peles húmidas salgadas de ovelha e cabra ou 340 unidades/dia de pele de vaca. Processa desde o couro em bruto até ao couro acabado para o mercado local e internacional. A fábrica de curtumes tem uma estação de tratamento de efluentes primários com as seguintes unidades

A. Tratamento preliminar e primário

i.Ecrã

Existem três linhas de segregação de águas residuais para resíduos gerais, licor de cal e resíduos de crómio. Estão instalados crivos de barras e crivos rotativos.

11. Tanque de oxidação de sulfuretos

A capacidade do tanque de oxidação de sulfuretos é de $200m^3$, o que é suficiente para o licor de cal gerado. O seu sistema de arejamento estava em manutenção.

111. Tanque de equalização

Depois de as águas residuais passarem pelo crivo, são recolhidas no tanque de equalização de caudal com uma dimensão de $600m^3$. No entanto, durante a avaliação, o tanque de equalização de caudal não estava operacional devido à manutenção do sistema de arejamento

iv.Coagulação e Floculação

A estação de tratamento tem uma instalação de coagulação e floculação. A dosagem química está a ser efectuada com base no teste de jarros.

v. Tanque de decantação primária

O tamanho do clarificador primário é de $150m^3$. Está operacional.

vi.Unidade de tratamento de cromo

O fluxo de crómio está a ser segregado, recolhido e transportado separadamente para o sistema de recuperação de crómio e está a funcionar corretamente.

112.Gestão de lamas e resíduos sólidos

A fábrica de curtumes tem um filtro-prensa para a desidratação das lamas que funciona corretamente. Atualmente, todos os resíduos sólidos gerados na fábrica de curtumes são recolhidos e transportados para um aterro municipal de eliminação de resíduos sólidos (koshe).

113.Conclusão e recomendação

Conclusão

A fábrica de curtumes tem tratamento primário que pode funcionar corretamente, mas tem lacunas na manutenção correctiva do sistema de arejamento para oxidação de sulfuretos e dos tanques de equalização.

Recomendação

A fábrica de curtumes apenas dispõe de tratamento primário, pelo que, para atingir as normas nacionais, é necessário construir uma estação de tratamento secundário (biológico).

A manutenção global da ETP tem de ser efectuada periodicamente.

4.17. Fábrica de peles New Wing

A fábrica de curtumes processa cerca de 160000 pés^2 por mês de peles de vaca, ovelha e cabra acabadas em couro a partir de azul húmido. Não existe nenhuma ETP, exceto uma peneira fina que não está a funcionar; mas atualmente, a nova estação de tratamento de efluentes da fábrica de curtumes está em construção civil. Durante a avaliação, todos os efluentes são diretamente descarregados no rio próximo sem qualquer tratamento.

Recomenda-se que a fábrica de curtumes preste a devida atenção à construção da ETP.

4.18. Fábrica de curtumes de Adis Abeba

A Fábrica de Curtumes de Adis Abeba é uma das seis fábricas de curtumes existentes em Adis Abeba e foi fundada em 1925 G.C. Atualmente, tem uma capacidade atual de imersão de 900 peles por dia e de 12 000 peles de cabra e de ovelha por mês.

A. Tratamento preliminar e primário

A fábrica de curtumes tem uma instalação de tratamento primário com três linhas separadas provenientes da fábrica de curtumes.

i. Ecrã

A fábrica de curtumes tem dois crivos de escovas rotativas funcionais. Uma peneira para as águas residuais de cromo e a outra para o licor geral e o licor de cal.

ii. Tanque de oxidação de sulfuretos

Os resíduos contendo sulfuretos passam por um crivo e entram no tanque de oxidação de sulfuretos.

A reação entre o sulfureto e o oxigénio é catalisada pela presença de $MnSO_4$. A presença de sulfureto no efluente é verificada utilizando acetato de chumbo. Por conseguinte, a instalação de oxidação de sulfureto está a funcionar corretamente.

iii. Tanque de equalização

A mistura das águas residuais no tanque é efectuada através de difusores instalados na superfície inferior do tanque de equalização.

iv. Tanque de coagulação e floculação

O suporte da esfera da bomba doseadora de sulfato de alumínio falhou e o caudal de alúmen do tanque de preparação da solução (litros/hora) não é bem conhecido. Os misturadores da cuba de coagulação e da cuba de floculação têm as mesmas rpm. Mas as rotações no tanque de coagulação devem ser mais elevadas, uma vez que a fase de mistura rápida ajuda a dispersar o coagulante por todo o tanque. Na cuba de floculação, é necessária uma mistura suave para promover a formação de flocos, aumentando as colisões de partículas que conduzem a flocos maiores.

v. Tanque de sedimentação

O tanque de sedimentação fornece a sua utilização prevista.

D. Gestão das lamas e dos resíduos sólidos

As lamas geradas no tanque de sedimentação primária, bem como na precipitação de crómio, são enviadas para um leito de secagem. Mas o número e a dimensão dos leitos de secagem, em comparação com as lamas geradas pelo clarificador, são reduzidos. Além disso, como a fábrica de curtumes está situada perto de um rio e de uma zona fria, as lamas demoram muito tempo a secar e é difícil lidar com as lamas geradas especialmente durante o verão (estação das chuvas). Por conseguinte, é preferível acrescentar leitos de secagem de lamas ou, em alternativa, utilizar filtros-prensa de lamas.

A fábrica de curtumes produz 10 000 kg/mês de aparas de peles, 220 m^3 /mês de aparas de crómio, 30 m^3 /mês de aparas de crosta e poeiras de polimento, 700 kg/mês de aparas acabadas, 220 m^3 /mês de poeiras de aparas e 60 m^3 /mês de lamas do leito de secagem de lamas.

As lamas do leito de secagem e os outros resíduos sólidos, com exceção das peles e das aparas acabadas, são eliminados no aterro a céu aberto "Koshe". As aparas de peles e as aparas acabadas são vendidas a recicladores. Para além disso, está em curso a preparação de um manual de utilização de resíduos sólidos.

A fábrica de curtumes tem um plano de implementação de tecnologias de produção mais limpas que requer a identificação das mesmas e a data de implementação.

C. Conclusões e recomendações

Conclusão

Enquanto estação de tratamento primário, a prática de gestão global não está a funcionar plenamente como exigido devido a algumas lacunas operacionais e a problemas de manutenção nas instalações, como a avaria do suporte da esfera da bomba doseadora, que é fundamental para a sedimentação.

Recomendações

O suporte da esfera da bomba doseadora deve ser substituído e deve ser mantido um caudal adequado de solução de alúmen.

As rotações dos dois misturadores, ou seja, para a coagulação e para a floculação, devem ser ajustadas de modo a satisfazer o objetivo pretendido do tanque.

A preparação do manual de utilização de resíduos sólidos tem de ser concluída para ser implementada.

As tecnologias de produção mais limpa devem ser identificadas, a data de aplicação deve ser especificada, os organismos envolvidos devem ser sensibilizados e a aplicação deve ser facilitada.

4.19. Fábrica de calçado de couro George

George shoe é uma nova fábrica de curtumes FDI que está a ser criada por um investidor de Taiwan. Durante o nosso inquérito, começou a produzir amostras para o mercado mundial. No que diz respeito à estação de tratamento, os trabalhos de construção civil estão em curso e espera-se que o equipamento eletromecânico chegue dentro de 45 a 60 dias. Inicialmente, as águas residuais geradas pela produção de amostras eram descarregadas num terreno baldio e, com base na sugestão dada pelo gabinete de proteção ambiental da cidade de Modjo, a descarga da produção de amostras é recolhida num tanque de recolha de resíduos coberto com betão. Mas, como o tipo de solo é um solo de algodão preto e a cobertura de betão foi feita sem compactar o solo, este já começou a rachar.

A fábrica de curtumes deve facilitar a instalação e a entrada em funcionamento do tratamento, de acordo com o plano de gestão ambiental relativo à AIA, o mais rapidamente possível e concluir a atividade antes do início da produção.

4.20. Curtume de Gelan

A fábrica de curtumes Gelan foi criada em 1998 na cidade de Modjo. Atualmente, tem uma capacidade de imersão de 1200 peles de ovelha e descarrega $150m^3$ de água por dia.

A. Tratamento preliminar e primário

A fábrica de curtumes tem apenas uma estação de tratamento primário. Existe um pessoal formado que monitoriza a prática de gestão ambiental da fábrica de curtumes.

i.Ecrã

A fábrica de curtumes dispõe de duas linhas de segregação, uma para o crómio e outra para os resíduos gerais e sulfurados. Os crivos de barras e de escovas rotativas estão instalados.

ii.   Tanque de equalização

Como a quantidade de água residual gerada é pequena, os resíduos são recolhidos num tanque de recolha e bombeados para a equalização. O sulfureto é oxidado no tanque de equalização e depois as águas residuais são equalizadas.

iii. Tanque de coagulação e floculação

A água residual do tanque de equalização é bombeada para o tanque de coagulação e floculação. Após a dosagem química, é transferida para o tanque de decantação primária.

iv. Tanque de decantação primária

Existe um tanque de decantação primária funcional

B. Gestão das lamas e dos resíduos sólidos

As lamas do clarificador primário são enviadas para o leito de secagem e o sobrenadante é descarregado no rio próximo.

C. Conclusão e recomendação

Conclusão

Durante a avaliação, a fábrica de curtumes não estava operacional; no entanto, todas as instalações de tratamento são verificadas, uma vez que estão a funcionar.

4.21. Curtume Dire

A fábrica de curtumes foi criada em 1980, com 285 dias de trabalho e 2 turnos por dia. Processa cerca de 3000 kg de peles em base salgada húmida e 350 kg de peles em base seca. Com base na visita, observou-se que são gerados cerca de 600 m^3 /dia de águas residuais. A fábrica de curtumes tem até à fase de tratamento secundário. Existe pessoal qualificado que gere a instalação de tratamento.

A. Tratamento preliminar e primário

i.Ecrãs

A fábrica de curtumes tem três linhas de segregação que abordam o cromo, o sulfureto e os resíduos gerais.

Existem dois crivos a funcionar corretamente para as águas residuais gerais e sulfurosas.

ii.   Tanque de equalização

O tanque está a funcionar corretamente, tendo as instalações de homogeneização necessárias, como o difusor de ar. Mas o tamanho do tanque de equalização, que é de 150 m^3 , é inferior aos 600 m^3 /dia de águas residuais geradas, uma vez que o tanque deve gerir a descarga diária de água da fábrica de curtumes.

iii. Tanque de coagulação e floculação

Existe um tanque de coagulação no qual o coagulante e o floculante são adicionados em conjunto. Mas, na maioria dos casos, a cuba de coagulação e a cuba de floculação são separadas para um tratamento eficaz. O agitador para a mistura química falhou.

iv. Sedimentação primária

Existe um tanque de sedimentação em funcionamento em que a dimensão do clarificador não é suficiente para assegurar a função necessária.

v. Unidade de tratamento de cromo

Existe a possibilidade de precipitar o crómio do licor de crómio gasto. O sobrenadante é transportado para o tanque de equalização através de uma bomba flutuante. Não existe qualquer prática de recuperação e reutilização do crómio.

vi. Tratamento secundário

O método de tratamento secundário, que utiliza microrganismos para degradar as matérias orgânicas da fábrica de curtumes, não está a funcionar corretamente devido a uma avaria na instalação de arejamento. Durante a observação e avaliação, esta encontra-se em manutenção. No caso do tanque de sedimentação, há uma avaria no raspador de lamas.

B. Gestão das lamas e dos resíduos sólidos

A prática de gestão das lamas de curtume utilizando o mecanismo de desidratação mecânica do filtro prensa é boa. A quantidade de lamas geradas e eliminadas é de cerca de $10m^3$ por semana após a utilização do filtro prensa que utiliza sulfato de ferro como produto químico de acondicionamento. As aparas de peles em bruto, a carne, as aparas de cromo, as aparas de peles, o pó de polimento, a raspa de cromo, etc. são recolhidas e transportadas para o local de despejo a céu aberto de koshe.

C. Conclusão e recomendação

Conclusão

A dimensão do tanque de equalização, que é de 150 m^3, é inferior aos 600 m^3/dia de águas residuais geradas, uma vez que o tanque deve gerir a descarga diária de água da fábrica de curtumes

Há uma avaria na instalação de arejamento do tratamento biológico e uma falha no raspador de lamas.

As instalações existentes têm limitações de capacidade para tratar os resíduos a nível secundário, o que exige um ajustamento para tratar os resíduos a nível primário.

Recomendação

As correntes que contêm sulfuretos devem ser separadas da própria fábrica de curtumes através de uma drenagem exclusiva. A mistura com outras águas residuais deve ser totalmente evitada. A dosagem de MnSO4 deve ser efectuada a 20 mg por litro, em duas parcelas. Se necessário, o MnSO4 deve ser adicionado no tanque de equalização para oxidação do sulfureto, após verificação da presença de sulfureto com acetato de chumbo.

A ETP existente deve abordar as manutenções preventivas e correctivas com a devida atenção, bem como as actividades de produção em que o desempenho da ETP seria melhor do que o estado atual.

O agitador deve funcionar sempre que se efectua a dosagem de alúmen e poli. Por conseguinte, o agitador deve ser reparado para que a mistura e a floculação sejam correctas.

Espera-se uma remoção de sólidos suspensos de 70-80% no tanque de sedimentação primária. A fim de avaliar o desempenho, as amostras recolhidas à entrada e à saída do tanque de sedimentação primária devem ser enviadas para o laboratório quinzenalmente.

É possível encontrar uma utilização potencial para os resíduos sólidos se estes forem segregados. Por exemplo, se as fracções orgânicas forem segregadas, é possível recuperar energia.

4.22. Empresa Sheba Leather Industry Private Limited

A fábrica de curtumes foi criada em 1993, tendo 240 dias de trabalho com 2 turnos por dia. A fábrica de curtumes tem uma capacidade de processamento de 5000-6000 unidades de peles em base salgada húmida e 540 unidades de couros. A fonte de água para o curtume é a água subterrânea, na qual a empresa unifica diariamente 500-700 m³ de água subterrânea, sendo gerados cerca de 560 m³ /dia de águas residuais. A fábrica de curtumes tem também uma divisão ambiental exclusiva com 6 trabalhadores e 1 chefe de divisão para ETP.

A. Tratamento preliminar e primário

i. Ecrãs

Existem dois crivos rotativos a funcionar corretamente para águas residuais gerais e sulfurosas e também um crivo cónico de 0,1 mm de diâmetro antes do tanque de equalização. Existe ainda um crivo manual antes dos crivos rotativos.

ii. Tanque de equalização

O reservatório está a funcionar corretamente, com as instalações de homogeneização necessárias, como o difusor de ar.

iii. Tanque de coagulação e floculação

Existe um tanque de coagulação no qual o coagulante e o floculante são adicionados em conjunto, no qual a instalação está a funcionar corretamente.

iv. Sedimentação primária

Existe um tanque de sedimentação a funcionar corretamente com um volume de 238 m^3 no qual a dimensão do clarificador é suficiente para assegurar a função necessária.

V. Tratamento de efluentes de cromo

Observa-se que os licores de crómio são segregados e descarregados no tanque sem qualquer tratamento de evaporação. Não existe qualquer prática de recuperação e reutilização do crómio devido à reduzida concentração de crómio no licor usado.

vi. Tratamento secundário

O método de tratamento secundário, que utiliza microrganismos para degradar as matérias orgânicas da fábrica de curtumes, está a funcionar corretamente. No entanto, existem algumas lacunas no desempenho do tanque de arejamento em que o MLSS é inferior à manutenção de uma concentração de MLSS relativamente constante.

B. Tratamento de lamas e manuseamento de resíduos sólidos

As lamas da ETP são despejadas nas instalações da fábrica de curtumes, o que provoca a poluição das águas subterrâneas.

As aparas de peles em bruto, a carnação, as aparas de crómio, as aparas de peles, o pó de polimento, a raspa de crómio, etc. são despejados nas instalações da fábrica de curtumes. No entanto, as duas PME têm uma boa experiência de produção de colas a partir de peles no interior das instalações da fábrica de curtumes.

E. Conclusão e recomendação

Conclusão

A ETP existente está a funcionar corretamente com uma melhor experiência de proteção ambiental, apesar de não existir um tanque anóxico para a remoção de NH4-N no processo de tratamento.

Recomendação

- No tratamento por oxidação biológica, o doseamento de nutrientes fosfatados (fosfato de sódio ou ácido fosfórico) é uma medida de precaução recomendada quando existe uma limitação de SMLS.

- Na oxidação biológica, uma técnica comum de controlo de massa baseia-se na manutenção de uma concentração relativamente constante de MLSS (cerca de 4000 mg/l) deve ser utilizada para uma gestão eficaz do tanque de arejamento.

- Em geral, as estações que funcionam com baixos níveis de OD durante o pico de carga podem ainda assim proporcionar um bom tratamento se existirem níveis residuais de OD consideravelmente mais elevados antes da receção do pico de carga do dia. Por exemplo, uma estação pode funcionar muito bem com um DO de 0,4-0,6 mg/L durante o dia se o DO matinal for de 1,0-1,5 mg/L.

- A solução de polielectrólito a ser utilizada é entre 0,05-0,1%max e a concentração de dosagem de aproximadamente 0,2 g/l deve ser utilizada para melhores actividades de floculação.

- É possível encontrar uma utilização potencial para os resíduos sólidos se estes forem separados. Por exemplo, se as fracções orgânicas forem segregadas, é possível recuperar energia.

4.23. Curtume Hora

A fábrica de curtumes foi criada em 1993. Transforma cerca de 3000 kg de peles em base húmida e salgada até ao couro em crosta. A fábrica de curtumes utiliza água subterrânea para a transformação do couro e para fins domésticos.

A. Tratamento preliminar e primário

i. Ecrãs

Existem crivos a funcionar corretamente para os resíduos gerais e de sulfuretos. Não existe qualquer crivo na linha de resíduos de crómio, uma vez que não há qualquer recuperação e reutilização do licor de crómio.

ii. Tanque de equalização

A equalização do fluxo, incluindo as actividades de oxidação do sulfureto, é realizada em conjunto com um tanque de 7 metros de profundidade. No entanto, durante a avaliação, não há qualquer descarga de resíduos para as instalações porque não há qualquer produção.

iii. Tanque de coagulação e floculação

Existe um tanque de coagulação no qual o coagulante e o floculante são adicionados em conjunto. Mas, na maioria dos casos, a cuba de coagulação e a cuba de floculação são separadas para um tratamento eficaz.

iv. Sedimentação primária

O clarificador não está a funcionar corretamente porque não existe uma bomba de lamas que transfira as lamas do clarificador para o filtro prensa.

v. Unidade de tratamento de cromo

Observa-se que os licores de cromo são segregados e recolhidos para evaporação.

B. Gestão das lamas e dos resíduos sólidos

As lamas da ETP são desidratadas por meio de um filtro-prensa e eliminadas no local de eliminação de resíduos sólidos.

As aparas de couro cru, as aparas de carne, as aparas de crómio, as aparas de peles, os pós de polimento, a raspa de crómio, etc. são despejados num local de eliminação sólido, onde os lixiviados são arrastados para o rio Modjo.

C. Conclusão e recomendação

Conclusão

O tratamento primário existente não está a funcionar corretamente, o que exige uma manutenção global das instalações.

Recomendação

Na oxidação do sulfureto, a dosagem de MnSO4 deve ser efectuada a 20 mg por litro. Se necessário, o MnSO4 deve ser adicionado no tanque de equalização para a oxidação do sulfureto, após verificação da presença de sulfureto utilizando acetato de chumbo.

O agitador deve funcionar sempre que se efectua a dosagem de alúmen e poli. Por conseguinte, o agitador deve ser reparado para que a mistura e a floculação sejam correctas.

Espera-se uma remoção de sólidos suspensos de 70-80% na PST. Por conseguinte, o funcionamento correto das instalações de sedimentação é obrigatório para satisfazer os resultados esperados, o que exige a realização de ensaios de amostragem à entrada e à saída do PST para verificar o desempenho do PST.

4.24. Hafede Private Limited

Durante a avaliação das práticas de gestão ambiental da fábrica de curtumes no mês de março de 2017, não houve qualquer produção, ou seja, não foram descarregados quaisquer efluentes e resíduos no ecossistema. No entanto, a fábrica de curtumes estava a processar cerca de 6000 kg de peles de ovelha, 3000 kg de peles de cabra e 5500 kg de peles completas salgadas e húmidas por dia. Foi referido que são gerados cerca de 500 m^3 /dia de águas residuais por dia.

As infra-estruturas disponíveis durante as avaliações são abordadas a seguir:

A. Tratamento preliminar e primário

i. Ecrãs

Estão instalados três números de crivos com capacidade de cerca de 100m^3 /hr que podem acomodar a capacidade de descarga. Dois para o licor de cal e um para outros resíduos. As escovas de limpeza precisam de ser substituídas, uma vez que as escovas de nylon estão completamente em falta.

ii.   Tanque de oxidação de sulfuretos

Existe uma instalação que pode fornecer o necessário quando a fábrica está a funcionar.

iii.   Tanque de equalização

Foi prevista uma equalização de capacidade suficiente com uma boa disposição de mistura. As águas residuais deste tanque foram bombeadas para o misturador flash. A capacidade do tanque de equalização (10 x 9 x 4,6 m) é de 414 m^3 que pode conter a quantidade de descarga diária.

iv.   Tanque de coagulação e floculação

Existe um tanque de coagulação no qual o coagulante e o floculante são adicionados em conjunto. Mas, na maioria dos casos, a cuba de coagulação e a cuba de floculação são separadas para um tratamento eficaz.

v.   Sedimentação primária

São fornecidos dois PSTs, um com 6,0 m de diâmetro e profundidade de água lateral (SWD) de 2,6 m e outro com 5,5 m de diâmetro e SWD de 4,5 m que podem assentar corretamente o sólido em suspensão após a bacia de floculação.

vi.   Unidade de tratamento de cromo

Observa-se que os licores de cromo são segregados e que existe uma experiência de reciclagem do licor de cromo, que foi uma das melhores experiências que a fábrica de curtumes praticou.

B.   Tratamento de lamas e manuseamento de resíduos sólidos

As lamas da ETP são desidratadas com recurso a um leito de secagem de areia e depositadas no aterro a céu aberto de koshe.

As aparas de peles em bruto, as aparas de carne, as aparas de cromo, as aparas de peles, os pós de polimento, a raspa de cromo, etc. são despejados num local de eliminação sólido, no qual os lixiviados são arrastados para o rio próximo.

C.   Conclusão e recomendação

Conclusão

O tratamento primário existente vai funcionar se a fábrica de curtumes começar a produzir depois de efetuar a manutenção de algumas instalações.

Recomendação

A dosagem de MnSO4 deve ser efectuada a uma taxa de 20 mg por litro para a oxidação completa do sulfureto com arejamento contínuo. Após a oxidação completa do sulfureto (isto tem de ser verificado utilizando acetato de chumbo), os resíduos de sulfureto devem ser misturados com outros fluxos de resíduos no tanque de equalização e devem ser encaminhados para o tanque de decantação primária.

Para a gestão das lamas provenientes dos tanques de decantação primária, os leitos de secagem de lamas devem ser postos em funcionamento com reciclagem de lixiviados.

Espera-se uma remoção de sólidos suspensos de 70-80% no Tanque de Sedimentação Primário. Por conseguinte, o funcionamento correto das instalações de sedimentação é obrigatório para satisfazer os resultados esperados, o que exige a realização de ensaios de amostragem à entrada e à saída do PST para verificar o desempenho do PST.

4.25. Curtume Blue Nile

Durante a avaliação das práticas de gestão ambiental da fábrica de curtumes, no mês de março de 2017, não se registou qualquer produção, ou seja, não foram descarregados quaisquer efluentes e resíduos para o ecossistema, apesar de a fábrica de curtumes ter uma capacidade de processamento de 2000 peles de ovelha e 1000 peles de cabra.

A principal razão pela qual a fábrica de curtumes não produz couro acabado a partir de peles em bruto deve-se à obrigação da Autoridade de Proteção Ambiental de Oromia relacionada com o âmbito da autorização ambiental do EIA de actividades de wet blue para actividades de acabamento. A fábrica de curtumes é obrigada a transformar o couro wet blue em couro acabado enquanto se deslocaliza dos seus antigos locais devido ao projeto ferroviário de direito de passagem. Em geral, a fábrica de curtumes dispõe de tratamento até ao secundário, o que lhe permitiria satisfazer a maior parte dos critérios estabelecidos pelo MEFCC, mas, de acordo com o âmbito da autorização ambiental definido pelo Estado Regional de Oromia para a Proteção Rural e Ambiental, a fábrica de curtumes pode processar desde o wet blue até ao acabamento, mas não desde as peles em bruto até às actividades de acabamento. Por este motivo, a fábrica de curtumes não pode produzir o couro acabado necessário, uma vez que o acesso ao wet blue é limitado. Assim, a fábrica de curtumes vai implementar um tratamento terciário de modo a obter uma autorização de processamento desde as peles em bruto até ao couro acabado.

De um modo geral, se as ETP existentes funcionarem corretamente, com mão de obra formada e especialistas em ambiente, prestando às manutenções preventivas e correctivas a mesma atenção que às actividades de produção, o desempenho das ETP será bom.

Recomenda-se que todas as instalações funcionem de acordo com o manual operacional, o procedimento e as instruções de trabalho, de modo a obter a norma de descarga desejada.

4.26. Fábrica de curtumes de Kombolcha (em Haike)

A fábrica de curtumes Kombolcha processa desde a pele em bruto até ao wet blue, processando 5000 peças de pele por dia. A fábrica de curtumes dispõe de uma estação de tratamento primário com um sistema de dosagem automática dos produtos químicos necessários para o tratamento das águas residuais.

A. Tratamento preliminar e primário

i. Ecrã

Dois fluxos de águas residuais são separados na fonte, o fluxo de sulfureto e de águas residuais gerais e o fluxo de resíduos de crómio. Existe um crivo de escova rotativa funcional que remove partículas grandes, matéria flutuante, areia/grão e outros materiais sólidos. Depois de as águas residuais passarem pelo crivo, são recolhidas para um tanque de recolha.

ii. Tanque de equalização

As águas residuais da recolha são bombeadas para o tanque de equalização do fluxo. No entanto, durante a avaliação, a fábrica de curtumes estava a processar uma quantidade muito pequena de pele, gerando uma pequena quantidade de águas residuais, e o tanque de compensação de caudal estava vazio.

iii. Unidade de preparação e doseamento de soluções químicas de tratamento

A fábrica de curtumes utiliza sulfato de manganês, cal, sulfato de alumínio e polielectrólito, todos os produtos químicos de tratamento, exceto os polielectrólitos, estão disponíveis.

iv. Sedimentação primária

Durante a avaliação, o tanque de decantação primária estava vazio e o escumador estava avariado, encontrando-se em manutenção.

v. Unidade de tratamento de cromo

As águas residuais com crómio provenientes da secção de curtumes são recolhidas separadamente e as lamas de crómio são formadas por adição de cal, sendo as lamas de crómio despejadas no quintal.

B. Gestão das lamas e dos resíduos sólidos

Uma grande quantidade de aparas em bruto é recolhida num armazém de peles em bruto, resíduos de descarnamento, aparas de peles, pó de barbear, pó de polimento, lamas de crómio, são enterrados em conjunto no quintal da fábrica de curtumes.

C. Conclusão e recomendação

Conclusão

A fábrica de curtumes dispõe de boas instalações de tratamento, mas as práticas de gestão das lamas e dos resíduos sólidos devem ser melhoradas.

Recomendação

Uma gestão de resíduos amiga do ambiente exige o empenhamento e a participação dos proprietários das fábricas de curtumes, dos quadros superiores e de todos os trabalhadores das fábricas de curtumes.

> Recolher separadamente na fonte os resíduos de pelo, as aparas em bruto, os resíduos de carne e as aparas de peles

- Produção de cola e de alimentos para animais a partir de aparas de plantas em linha.
- Preparação de composto orgânico a partir de resíduos de carne e de lamas.
- Preparação de licor de gordura a partir de resíduos de descarna.

> Seguir o procedimento científico durante a preparação da solução padrão e a dosagem do produto químico para tratamento de águas residuais.

> Recuperação de crómio a partir de lamas de crómio.

4.27. Fábrica de curtumes de Kombolcha (em Kombolcha)

A fábrica de curtumes transforma o couro húmido em couro acabado.

A. Tratamento preliminar

i. Canal de areia

As águas residuais da operação de pós-curtimento passam através do canal de areias, onde são removidas as areias/grãos e outros materiais sólidos sedimentáveis

ii. Tanque de recolha

As águas residuais da câmara de areia são recolhidas e deixadas assentar num tanque de recolha e descarregadas no ambiente.

B. Gestão das lamas e dos resíduos sólidos

O pó de polimento é recolhido de forma adequada e depositado juntamente com o pó de barbear e outros resíduos sólidos no quintal da fábrica de curtumes.

C. Conclusão e recomendação

Conclusão

Na fábrica de curtumes, apenas é efectuado um tratamento preliminar. As águas residuais geradas a partir da operação de pós-curtimento contêm constituintes indesejáveis, pelo que é necessário pelo menos um tratamento físico-químico para reduzir a carga poluente.

Recomendação

- Deve ser construído um tanque de equalização de caudal, um tanque de decantação primária, deve ser instalada uma unidade de preparação e dosagem de soluções químicas para o tratamento de águas residuais e devem ser adquiridos produtos químicos para o tratamento de águas residuais.

  -Deve ser empregue mão de obra qualificada

- Recolher as poeiras de barbear, as aparas de couro acabadas, separadamente na fonte, para a produção de placas de couro, couro regenerado.

4.28. Curtume Kolba

O estado atual da gestão ambiental da fábrica de curtumes Kolba não foi avaliado. Porque não permitiu que os peritos do LIDI realizassem a avaliação das lacunas no estado atual da gestão ambiental da fábrica de curtumes. Com base nas observações efectuadas em ocasiões anteriores, a fábrica de curtumes possui uma estação de tratamento de efluentes primária.

4.29. Curtume Walia

Não avaliámos o estado atual da gestão ambiental da fábrica de curtumes Walia. Porque a fábrica de curtumes não permitiu que os peritos do LIDI realizassem a avaliação das lacunas no estado atual da gestão ambiental da fábrica de curtumes. Mas a direção de tecnologia ambiental escreveu uma carta oficial à fábrica de curtumes para que esta autorizasse os peritos a realizar a avaliação das lacunas. Com base nas observações do ano anterior, a fábrica de curtumes tem uma estação de tratamento de efluentes primária.

Capítulo 5

5. Conclusões e recomendações

- .1. Conclusão

Das 29 fábricas de curtumes em funcionamento que planeámos realizar uma avaliação das lacunas nos seus actuais sistemas de gestão ambiental, observámos 26 delas. Três fábricas de curtumes, Walia, Kolba e Sun Industrial, não foram avaliadas. Entre as 29 fábricas de curtumes, 16 delas têm estações de tratamento de efluentes primárias, 10 delas têm até fases secundárias e 3 fábricas de curtumes (New Wing, Kombolcha que processa desde a fase de wet blue até à fase de acabamento, e George Shoe) não têm estações de tratamento de efluentes.

Apesar de 16 fábricas de curtumes possuírem estações de tratamento de efluentes em fase primária e 10 em fase secundária, a maioria não trata corretamente os efluentes com as instalações existentes. Entre as fábricas de curtumes que possuem ETP secundárias, a Abissínia, a Sheba e a Etiópia operam e tratam os efluentes de uma forma melhor. Com base na nossa observação durante a avaliação de lacunas, entre as fábricas de curtumes que têm ETP primária, as fábricas de Modjo, Awash, Batu, Dire e Farida operam a ETP e tratam o efluente de uma forma melhor. Com base nos resultados da atual avaliação de lacunas e nos resultados de análises laboratoriais anteriores de amostras de águas residuais, a maioria das fábricas de curtumes não cumpriu os limites de descarga de efluentes estabelecidos pelo Ministério do Ambiente, das Florestas e das Alterações Climáticas do país.

Algumas estações de tratamento de efluentes não foram construídas corretamente (Jiangxanxing, China África,), outras foram construídas corretamente (Abissínia, Etiópia, Sheba...). Algumas fábricas de curtumes (Bahirdar, Habesha, United Vasan) finalizaram a construção da estação de tratamento de efluentes antes de um ano, no entanto, as ETPs não foram comissionadas e operacionais até agora. Nalgumas fábricas de curtumes, a dosagem dos produtos químicos de tratamento não é automática (Farida, Addis Ababa (devido a uma falha)). Os produtos químicos são adicionados por estimativa. Há fábricas de curtumes que não dispõem de leitos de secagem ou de filtros-prensa para o tratamento das lamas. Há fábricas de curtumes que não têm especialistas que gerem a sua unidade ambiental. A maioria das fábricas de curtumes não dispõe de dados (informação) sobre as capacidades das suas ETP, quantidades de consumo de água, águas residuais e resíduos sólidos gerados pelas suas fábricas de curtumes.

- .2. Recomendações

- As fábricas de curtumes têm de construir a ETP corretamente com base nas suas capacidades de absorção

- As fábricas de curtumes têm de tratar corretamente os efluentes com as ETP existentes

- As estações de tratamento de efluentes recentemente construídas têm de ser postas em funcionamento e começar a tratar os efluentes o mais rapidamente possível

- Devem existir linhas separadas para os efluentes sulfurados, gerais e cromados

- Devem existir filtros-prensa ou leitos de secagem para gerir corretamente as lamas produzidas
- As fábricas de curtumes têm de melhorar o sistema de dosagem manual de produtos químicos para um sistema automático
- Deve ser criado um laboratório ambiental com as instalações necessárias
- Devem existir crivos de barras e crivos finos para separar os resíduos sólidos finos do efluente
- As empresas de curtumes têm de melhorar o seu empenhamento e prestar mais atenção às questões ambientais
- As fábricas de curtumes têm de reciclar os resíduos de curtumes para os gerir de forma ecológica
- As fábricas de curtumes têm de praticar sistemas de produção mais limpos para reduzir a produção de resíduos nas fontes
- As fábricas de curtumes têm de melhorar os seus sistemas de registo e tratamento de dados (informação)
- As fábricas de curtumes têm de empregar peritos em domínios conexos para gerir os sistemas de gestão ambiental das suas fábricas de curtumes
- O governo tem de facilitar a construção da estação de tratamento de efluentes comuns de Modjo, que desempenhará um papel mais importante na melhoria dos sistemas de gestão ambiental das fábricas de curtumes

Capítulo 6

6. RESUMO DO ESTADO DE GESTÃO AMBIENTAL DAS FÁBRICAS DE CURTUMES

3 Modjo	2 Farida	1 Jiangxin xang	Status	Detail	Group	Name
				Installed		Production Capacity (tone)
22	14	11		Actual		
864	552	456				WW generation rate (m³)
0 / 60		66				ETP size (m³)
✓				Separate line for General , Sulphide & Chrome		Segregation of WW streams at the source
	✓	✓		Collect General & Sulphide together Chrome separately		
✓	✓			Bar	Screen	Primary ETP
✓	✓		Functional	Fine	Screen	
✓	✓		Not function al		Screen	
✓	✓			Grit channel	Screen	
	✓		Functional	Production	Screen	
			Not function al		Screen	
✓	✓	✓		Sulphide oxidation tank		
✓	✓		Functional	Equalization tank		
		✓	Not			
✓	✓		Functional	Coagulation & flocculation unit		
		✓	Not			
✓	✓		Functional	Primary settling tank		
		✓	Not			
	✓	✓		Manual dosing system		Chemical dosing system
✓			Functional	Automatic dosing system		
			Not			
✓	✓	✓		Form chromium		Chrome management
			Functional	Recover chrome		
			Not			
No	Yes	No	✓	Yes/No		Secondary treatment
			Functional			Sludge dewatering
			Not	Filter press		
✓			Functional	Sand drying bed		
			Not	Open dumping site		Solid waste disposal
✓	✓	✓				
				Secure land fill		
✓	✓	✓		Yes		Presence of Environmental expert
				No		

No.	Name	1	2	3	4	5	6	7	8	9	10	11	12	13	14	15	16	17	18	19	20	21	22	23	24	25	26	27	28	29	30	31	32	33
4	Bahirdar		5.7	225	-	✓		✓		✓				✓		✓		✓	✓		✓		✓			✓	Yes				✓	✓		✓
5	Debre Birhan	6	3	240	14 4		✓	✓	-	-	-	-	-	-	✓		✓		✓		✓			✓			Yes	✓			✓		✓	
6	Habesha	6		240		✓		✓		✓					✓		✓	✓							✓	✓	No				✓	✓		✓
7	Friendsh ip		13	516		✓	-	✓	✓					-	✓		✓		✓		✓				✓		No				✓		✓	
8	United vasan	6	2.3	240	-	✓		✓	✓	-	-	-	-	-	✓		✓		✓		✓				✓		Yes				✓		✓	
9	Batu	16	13	640	-		✓	✓	✓						✓		✓		✓			✓			✓		No	✓				✓		✓
10	Ethiopia		14. 8	592	-	✓	-	✓	✓	-	-	-	-	-	✓	✓		✓				✓			✓		Yes				✓		✓	
11	DX		5.3	210	-	✓		✓	✓	-					-	-	✓		✓		✓		✓	✓	✓	-	-	yes	-	-	✓		✓		✓
12	East Africa	9	-	360	-	✓	-	✓		✓	✓	-	-		✓		✓		✓			✓	✓	-	-	✓	No	-	-	✓			✓	✓
13	Sunindu strial	-1	-2	-3	4	5	6	7	8	9	10	11	12	13	14	15	16	17	18	19	20	21	22	23	24	25	26	27	28	29	30	31	32	33
14	China Africa	15	-	-	-		✓	-	-	-	-	-	-	-	✓	✓		✓		✓	✓	-	-	✓	-	-	Yes	-	-	✓		✓		✓
15	Abyssini a	-	9	360	-	✓		✓	✓						✓	✓		✓			✓			✓			Yes	✓				✓		✓
16	Awash		16	640	60 0	✓		✓	✓						✓	✓		✓		✓			✓			✓	No	✓				✓		✓
17	New Wing	-	-	-	-	-																												
18	Addis Ababa	3.7	29	1160	-	✓		✓	✓						✓	✓		✓		✓			✓			✓	No				✓		✓	
19	George	-	-	-	-	-																												

	Shoe																						
20	Gelan	4.5	2	150		✓		✓	✓			✓	✓	✓	✓	✓	✓	No		✓	✓	✓	
21	Dire	16	9	600	150	✓		✓	✓			-	✓	✓	✓	✓	✓	No	✓		✓	✓	
22	Sheba		13	560		✓		✓	✓			-	✓	✓	✓	✓	✓	Yes		✓	✓	✓	
23	Hora	4.8	6	180	-	✓		✓	✓			-	✓	✓	✓	✓	✓	No		✓	✓		✓
24	Hafede	12		500	414	✓		✓	✓			✓	✓	✓	✓	✓	✓	No		✓	✓		✓
25	Blue Nile	6	6	180	-	-	-	✓	✓			✓	-	✓	-	✓	✓	Yes		✓	✓		✓
26	Haike	-	8	0.3	-	✓	-	✓	✓			-	✓	✓	✓	✓	✓	No		✓	✓		✓
27	Kombol cha	-	-	-	-	-		✓															
28	Kolba	16.2	-	-	-	-																	
29	Walia	-	-	-	-	-																	

Capítulo 7

7. Actividades a realizar

No	Activities	Responsible Body	Duration ,Months	Budget ,Millions	Remark
1	Solid Waste Recycling • Project Proposal Preparation • Feasibility Study	LIDI	4	0.2	
2	Construction of MLC-CETP	IPDC	24	1,700	
3.	Implement Cleaner Production Technologies	Tanneries	Throughout the year		Tanneries will allocate their own budget
4.	Enhance the Capacity of Environmental Unit of Tanneries • Trainings • Consultancy • Benchmarking • Panel Discussions	LIDI, ELIA	12	0.5	Throughout the year
5.	Proper Operation of their Available Effluent treatment plants	Tanneries	Throughout the year		Tanneries will allocate their own budget
6.	Employ Trained Manpower Responsible for the Environment	Tanneries	Very Soon		Tanneries will allocate their own budget

7.	Strengthen Follow-Up & Monitoring of the Environmental Performance of Tanneries	MEFCC, Regional Environmental Bureaus	Througho ut the year		Budget will be allocated by MEFCC
8.	Conduct Environmental Audit	Tanneries			At Least Once a Year
9.	Conduct a Study on the Environmental Carrying Capacity & MEFCC Effluent Standard	LIDI, MEFCC, ELIA	2010 EC	0.5	
10	Conduct a CETP Proposal For Tanneries found in Amhara Region	LIDI, IPDC, Amhara Regional Environmental Bureaus	3	0.1	

Capítulo 8

8. Anexo. Lista de controlo para a análise das lacunas de gestão ambiental das empresas de curtumes

LIDI - Instituto de Desenvolvimento da Indústria do Couro

1. PORMENORES DA FÁBRICA DE CURTUMES :

Name of the tannery and Year of Establishment	:	
Address of the tannery	:	
Telephone number	:	
Contact person	:	

2. MATÉRIA-PRIMA PROCESSADA NA FÁBRICA DE CURTUMES, COM PORMENORES

S.No	Raw material	Average weight in kg/piece	Average area in m²/piece
1	Goat skin		
2	Sheep skin		
3	Cow hide		
4	Wet blue		
5	Others		

3. CAPACIDADE DE PRODUÇÃO

S.NO	Product/Raw material	Soaking Capacity
3.1	Goat skin	
	Sheep skin	
	Hide	
3.2	Water	

4. PORMENORES DE PRODUÇÃO

S.NO	Process	Production Capacity	
		Ft²/day	tones/day
4.1	Raw to Finished Leather		
4.2	Raw to wet blue		
4.3	Wet blue to finished leather		
4.4	Others if any		
4.5 No. of Shifts per day			
4.6 No. of working days per year			

5. UTILIZAÇÃO DA ÁGUA

S.NO	Source of Raw Water Supply	Ground	Municipal	River
5.1	Amount of water used for leather processing other than domestic (liters per day)			
5.2	Amount of water used for domestic purpose			
5.3	Mode of distribution of water supply			

6. PORMENORES DA ESTAÇÃO DE TRATAMENTO DE EFLUENTES (ETP)

6.1 Characteristics of wastewater (pH, BOD, COD, Chromium, Suspended solids, Dissolved solids, Sulphates, Chloride etc.,)	
6.2 Amount of waste water generated in m3/day	
6.3 Do you segregate the waste water discharge lines (sulphide, general and chrome effluents)?	

6.4 Check whether the treatment units in ETP are properly functioning (Check each part is working)
 	
Note: Working-W
      Not Working Properly- NP
      Not working at all - NW
	Status & description	**Size**

	a. Screening(with grit channel)W☐ NP☐ NW☐ b. Flow equalization W☐ NP☐ NW☐ c. Sulphide oxidation W☐ NP☐ NW☐ d. Coagulation(Flash mixer) W☐ NP☐ NW☐ e. Flocculation tank W☐ NP☐ NW☐ f. Primary settling tank W☐ NP☐ NW☐ g. Biological treatment W☐ NP☐ NW☐ h. Secondary settling tank W☐ NP☐ NW☐ i. Chrome recovery W☐ NP☐ NW☐ j. Sludge handling facility W☐ NP☐ NW☐	
6.5 Process flow diagram of ETP		
6.6 Amount of treated waste water discharged in m3/day		
6.7 Present mode of disposal of treated effluent		
6.8 Are the necessary treatment chemicals available?		

6.9 Do you determine dosage of each chemical regularly? What is the quantity of chemical used?	
6.10 is there team of experts responsible for environmental management of the tannery	

7. DETALHES DO SISTEMA DE RECUPERAÇÃO DE CROMO (se disponíveis)

7.1 Design capacity of chrome recovery/precipitation system	☐ Precipitation ☐ Recovery -------------------- m^3/day
7.2 Present status of Chrome Recovery System	☐ Operational ☐ Not in Operation
7.3 Amount of chrome liquor generated in m ^{3}	
7.4 Units in chrome recovery system with size	Chrome collection tank Precipitation tank Acidification tank Recovered chrome tank
7.5 Amount of chemicals employed in chrome recovery	
7.6 Quantity of Chrome sludge precipitated	
7.7 Quality of recovered chrome	
7.8 Quantity of recovered chrome	

8. RESÍDUOS SÓLIDOS DE CURTUMES

8.1 Quantity of solid wastes kg/day	– Quantity of waste salt – Quantity of raw trimmings – Quantity of fleshings waste – Quantity of pelt trimmings – Quantity of chrome shaving – Quantity of crust trimmings – Quantity of buffing dust – Quantity of finished leather cuttings/trimmings – Quantity of ETP sludge generated
8.2 How is the solid waste management practice?	
8.3 Different solid wastes have different characteristics. Is there a segregation mechanism?	
8.4 Do you have any solid waste utilization practice? Specify if there is any	
8.5 Do you have any future plan for production of value added products from tannery solid waste?	

yes
I want morebooks!

Buy your books fast and straightforward online - at one of world's fastest growing online book stores! Environmentally sound due to Print-on-Demand technologies.

Buy your books online at
www.morebooks.shop

Compre os seus livros mais rápido e diretamente na internet, em uma das livrarias on-line com o maior crescimento no mundo! Produção que protege o meio ambiente através das tecnologias de impressão sob demanda.

Compre os seus livros on-line em
www.morebooks.shop

Printed by Books on Demand GmbH, Norderstedt / Germany